燃气行业从业人员专业教材

液化天然气储运工

蔡全立　曹展涛　主编

黄河水利出版社
·郑州·

内 容 提 要

本书根据液化天然气储运要求设置四个模块,第一个模块为液化天然气场站基础知识,第二个模块为液化天然气场站工艺操作及设备维护,第三个模块为液化天然气场站管理,第四个模块为岗位考核解析。全书配有丰富的图片和视频等资料,并配有练习题,可实现扫二维码在线答题。该书比较系统、全面地阐述了液化天然气储运工的行业要求,是一本实用性和操作性较强的燃气专业新形态一体化基础教材。

本书可作为燃气相关行业管理人员和燃气相关企业员工培训学习的专业资料,还可作为中、高等职业院校燃气专业学生学习的教材。

图书在版编目(CIP)数据

液化天然气储运工/蔡全立,曹展涛主编. —郑州:黄河水利出版社,2017.7

燃气行业从业人员专业教材

ISBN 978-7-5509-1794-1

Ⅰ.①液… Ⅱ.①蔡… ②曹… Ⅲ.液化天然气-贮运-技术培训-教材 Ⅳ.①TE82②TE83

中国版本图书馆 CIP 数据核字(2017)第 163002 号

组稿编辑:谌莉　电话:0371-66025355　E-mail:113792756@qq.com

出 版 社:黄河水利出版社

地址:河南省郑州市顺河路黄委会综合楼 14 层　邮政编码:450003

发行单位:黄河水利出版社

发行部电话:0371-66026940、66020550、66028024、66022620(传真)

E-mail:hhslcbs@126.com

承印单位:河南日报报业集团有限公司彩印厂

开本:787 mm×1 092 mm　1/16

印张:10.5

字数:243 千字　印数:1—4 000

版次:2017 年 7 月第 1 版　印次:2017 年 7 月第 1 次印刷

定价:30.00 元

前　言

随着国内经济的快速发展及对清洁能源的需求日益增多，天然气以清洁、高效、经济等优势正逐步受到人们的青睐，液化天然气（Liquefied Natural Gas，简称 LNG）工业正在呈现蓬勃的发展态势，与之相应，近年来，燃气储运生产安全问题也越来越受到重视，涉及燃气储运安全管理的各种法规在逐步建立和健全，各种新的安全技术装备、安全管理方法逐渐在燃气储运作业中出现，燃气储配站对安全技术装备和安全管理水平的要求也越来越高，也意味着对燃气储运工的整体职业素养要求越来越高。

为贯彻落实国务院《城镇燃气管理条例》、国家住房和城乡建设部制定的《燃气经营企业从业人员专业培训考核管理办法》，广州市交通运输职业学校组织燃气工程专业教师在燃气企业相关人员的技术支持下编写了此书。

本书全面系统地阐述了液化天然气储配站的生产工艺、液化天然气储存设备与储存方式、液化天然气运输设备与运输方式、液化天然气储运设施安全附件及仪表、液化天然气储运设备的检修及维护保养等技术知识，同时对燃气场站常用机具、液化天然气安全管理，典型事故分析与设备故障的应急处理、消防安全、火灾扑救和事故处理等知识，也作了扼要介绍。

2016 年初开始，通过深入调研具有代表性的燃气企业并召开课程研讨会，进行教学实践等，历时 1 年多完成了《液化天然气储运工》。本书可作为燃气相关行业管理人员和燃气相关企业员工培训学习的专业资料，还可作为中、高等职业院校燃气专业学生学习的教材。

本书借鉴国际当代职业教育发展的理论与方法技术，反映燃气行业的专业要求和发展水平，以职业活动为导向、以职业能力为核心、以适应使用对象需求为原则。

本书由蔡全立、曹展涛主编，陆文美、陈春花、陈雷星参编。其中，第 1 章、第 2 章由曹展涛、陈春花编写，第 3 章由曹展涛、陆文美、蔡全立编写，第 4 章、第 5 章由蔡全立、陈雷星编写，第 6 章由蔡全立编写。全书由蔡全立统稿，由陆文美审核。本书的编写得到了广东九丰集团有限公司谢君娇、佛山市燃气集团股份有限公司钟铁军、江门华润燃气有限公司梁明明等同志的技术支持，在此一并表示感谢！

由于编者水平有限，书中难免存在错误和不足之处，敬请各位同行和读者批评指正。

编　者

2017 年 5 月

目　录

1 液化天然气场站基础知识

第1章　燃气场站常用工机具

液化天然气储运工在日常操作中,需要用到各类常用工具,由于在生产运营过程中操作的设备不同,运用的工具及设备也不相同。同时,液化天然气储配站属于高危易燃易爆场所,所使用的工机具必须为防爆工具。

1.1　LNG 基本知识与技术

1.1　燃气场站常用工具

燃气场站常用工具分为防爆工具和非防爆工具两种。

1.1.1　防爆工具

防爆工具的材质是铜合金,由于铜的良好导热性能及几乎不含碳的特质,使工具和物体摩擦或撞击时,短时间内产生的热量被吸收及传导,且由于铜本身相对较软,摩擦和撞击时有很好的退让性,不易产生微小金属颗粒,人们几乎看不到火花,因此防爆工具又称为无火花工具。

常用防爆工具主要包括防爆扳手、防爆管子钳、防爆老虎钳、防爆尖嘴钳、防爆鲤鱼钳、防爆台虎钳、羊角锤、一字螺丝刀、十字螺丝刀、照明机具、通信机具等,见图 1-1。下面就常用工具进行详细介绍。

图 1-1　防爆工具

1.1.1.1　防爆扳手

防爆扳手主要用来紧固和拆卸零部件,通常有防爆活动扳手、防爆双用扳手、防爆套筒扳手、防爆敲击扳手、防爆 F 型扳手等。

本页二维码资料来源于 https://wk.baidu.com/view/4cd595e60912a2161579298f#1.

1. 防爆活动扳手

防爆活动扳手简称活扳手，其开口宽度可在一定范围内调节，是用来紧固和拧松不同规格的螺母和螺栓的一种工具。

1）防爆活动扳手的规格、型号

防爆活动扳手由头部和手柄组成，头部由活动扳唇、呆扳唇、扳口、涡轮和轴销等组成，如图 1-2 所示。规格表示为长度×最大开口宽度，防爆活动扳手常用规格如表 1-1 所示。

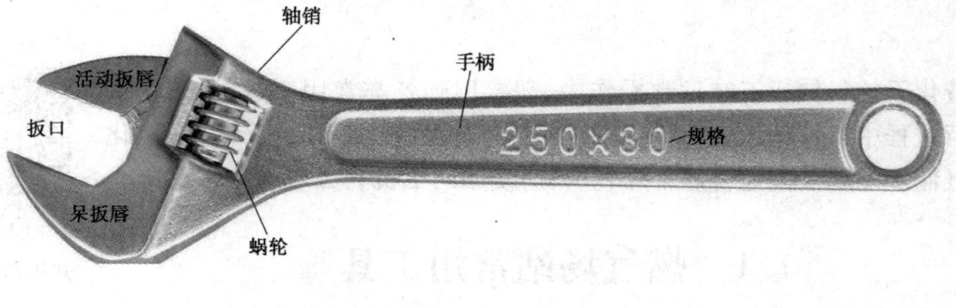

图 1-2　防爆活动扳手示意图

表 1-1　防爆活动扳手规格

全长(mm)	100	150	200	250	300	370	450	600
最大开口宽度(mm)	13	15	24	30	36	46	55	65

2）防爆活动扳手的使用方法

防爆活动扳手利用杠杆原理拧转螺栓、螺钉、螺母。使用时，右手握手柄。手越靠后，扳动起来越省力。扳动小螺母时，因需要不断地转动涡轮，调节扳口的大小，所以手应握在靠近呆扳唇处，并用大拇指调整涡轮，以适应螺母的大小。

3）防爆活动扳手的使用注意事项

（1）防爆活动扳手只适用于拆装表面是多边形结构的管件。

（2）防爆活动扳手开口可以调节，选用不同规格的扳手可以拆装不同尺寸的螺栓及螺母。

（3）使用防爆活动扳手时，开口大小要合适，过大会损坏螺母的形状，使其棱角变圆，扳手上也不能套加力管，以免损坏扳手。

（4）防爆活动扳手不可反用，以免损坏活动扳唇，也不可用钢管接长手柄来施加较大的力矩。

（5）防爆活动扳手不可当作撬棒或手锤使用。

2. 防爆双用扳手

1）防爆双用扳手的组成

防爆双用扳手一端与单头呆扳手相同，另一端与梅花扳手相同，两端拧转相同规格的螺栓或螺母，如图 1-3 所示。

2）防爆双用扳手规格

防爆双用扳手规格及对应螺纹规格如表 1-2 所示。

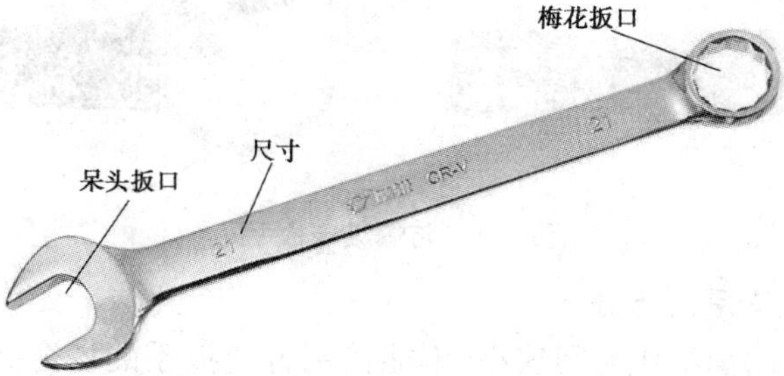

图 1-3　防爆双用扳手

表 1-2　防爆双用扳手规格及对应螺纹规格

扳手规格	7	8	10	14	17	19	22	24
螺纹规格	M4	M5	M6	M8	M10	M12	M14	M16
扳手规格	27	30	32	36	41	46	55	65
螺纹规格	M18	M20	M22	M24	M27	M30	M36	M42

3. 防爆套筒扳手

防爆套筒扳手是由多个带六角孔或十二角孔的套筒并配有手柄、接杆等多种附件组成的，特别适用于拧空间十分狭小或凹陷很深处的螺栓或螺母，见图 1-4。

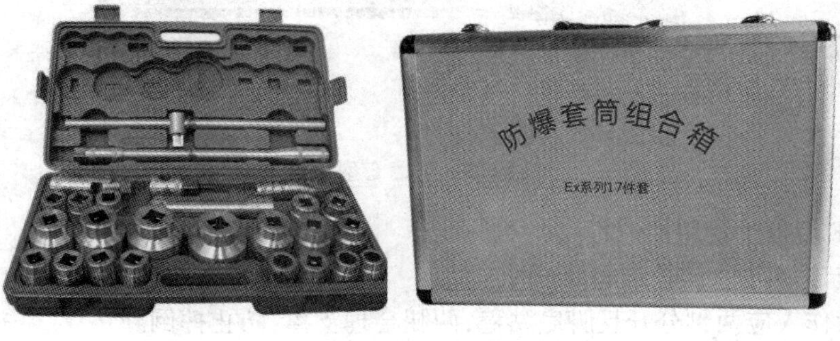

图 1-4　防爆套筒扳手

防爆套筒扳手使用方法：

(1)根据被扭件选规格，将扳手头套在被扭件上。

(2)根据被扭件所在位置大小选择合适的手柄。

(3)扭动前，必须把手柄接头安装稳定才能用力，防止打滑脱落伤人。

(4)扭动手柄时，用力要平稳，用力方向与被扭件的中心轴线垂直。

4. 防爆敲击扳手

1)防爆敲击扳手的分类

防爆敲击扳手有铝青铜合金、铍青铜合金两种材质，主要包括敲击梅花扳手和敲击呆扳手两种形式，是易燃易爆行业维修、检修、日常维护必备的防爆工具。防爆敲击扳手见图 1-5。

图 1-5　防爆敲击扳手

2）防爆敲击扳手适用的场合

防爆敲击扳手适用于工作空间狭小，不能使用普通扳手的场合。用来拧出六角头螺栓或螺母。转角较小，可用于只有较小摆角的地方（只需转过扳手 1/2 的转角），且由于接触面大，可用于强力拧紧。

3）防爆敲击扳手的规格

防爆敲击扳手的规格一般为大中型规格，分为公制和英制两种，特殊规格可以定做，是设备安装、装置及设备检修和维修工作中的必需工具。

一般有 17 mm、19 mm、22 mm、24 mm、27 mm、30 mm、32 mm、36 mm、41 mm、46 mm、50 mm、55 mm、60 mm、65 mm、70 mm、75 mm、80 mm、85 mm、95 mm、105 mm 等口径规格。

5. 防爆 F 型扳手

防爆 F 型扳手由防爆铜合金精铸而成，是阀门专用扳手，是设备安装、装置及设备检修和维修工作中的必需工具。防爆 F 型扳手见图 1-6。

图 1-6　防爆 F 型扳手

防爆 F 型扳手使用注意事项：

（1）应该与门轮卡牢，防止脱开。

（2）操作人应两脚分开且脚底站稳，两腿合理支撑，防止摔倒。

（3）操作人应两手握紧手柄，并且合理、均匀用力，防止用猛力或暴力。

（4）阀门扳手的手柄应与门轮在同一水平面上，使得阀门扳手的力合理地用在门轮上，防止用力过大而损坏门轮。

1.1.1.2　防爆管子钳

1. 防爆管子钳的分类

防爆管子钳按其承载能力分为重级、普通级两个等级，按质量大小分为加重型、重型、轻型等。防爆管子钳见图 1-7。

2. 防爆管子钳的规格

常用防爆管子钳的规格如表 1-3 所示。

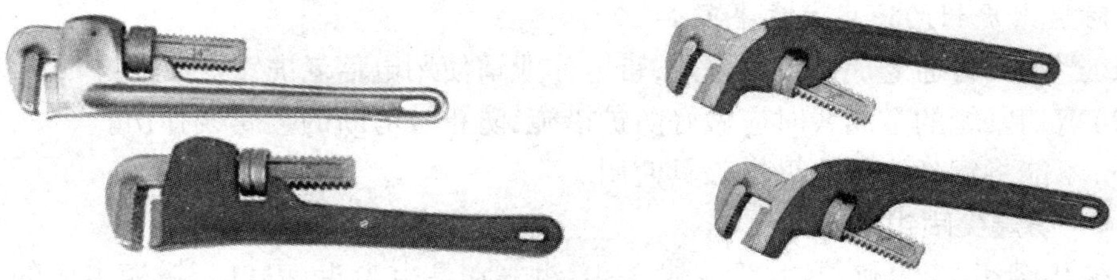

图 1-7　防爆管子钳

表 1-3　常用防爆管子钳的规格

规格	8″	10″	12″	14″	18″	24″	36″	48″
总长度(mm)	200	250	300	350	450	600	900	1 200

3. 防爆管子钳的使用注意事项

(1)要选择合适的规格。

(2)钳头开口要等于工件的直径。

(3)钳头要卡紧工件后再用力扳,防止打滑伤人。

(4)用加力杆时,长度要适当。扳动手柄时,注意承载扭矩,不能用力过猛,防止过载损坏。

(5)管钳牙和调节环要保持清洁。

(6)不能作为锤头使用。

(7)不能夹持温度超过 300 ℃的工件。

1.1.1.3　防爆老虎钳

防爆老虎钳也叫钢丝钳,是一种夹钳和剪切工具。

1. 防爆老虎钳的分类

防爆老虎钳分为普通老虎钳和电信老虎钳。普通老虎钳分为普通型和迷你型,普通型的有 7″和 8″等规格,迷你型有 4″等规格。防爆老虎钳见图 1-8。

图 1-8　防爆老虎钳

2. 防爆老虎钳的用途

(1)齿口可用来紧固或拧松螺母。

(2)刀口可用来剖切软电线的橡皮或塑料绝缘层,也可用来剪切电线、铁丝。

(3)铡口可以用来切断电线、钢丝等较硬的金属线。

(4)钳子的绝缘塑料管耐压 500 V 以上,它可以带电剪切电线。

(5)多用来起钉子或夹断钉子和铁丝。

3. 防爆老虎钳的使用注意事项

(1)严禁用普通老虎钳带电作业,带电作业请使用电信老虎钳。

(2)剪切紧绷的金属线时应做好防护措施,防止被剪断的金属线弹伤。

(3)不能将钢丝钳作为敲击工具使用。

1.1.1.4 防爆尖嘴钳

防爆尖嘴钳,又名修口钳、尖头钳、尖嘴钳。它是由尖头、刀口和钳柄组成的,电工用尖嘴钳的钳柄上套有额定电压 500 V 的绝缘套管,是一种常用的钳形工具。

防爆尖嘴钳与普通的尖嘴钳不同,它是一种在特殊工作场所里使用的手动工具,其材质的特殊性起到了关键性的作用,可以供特殊行业的工作人员使用完成特殊的维修工作。防爆尖嘴钳在易燃易爆等特殊的工作场所里使用时,不会因为夹断铁丝、拔出铁器、敲击其他的物体而产生机械火花引发安全事故,所以说防爆尖嘴钳是一种绝对安全的钳工类工具,见图 1-9。

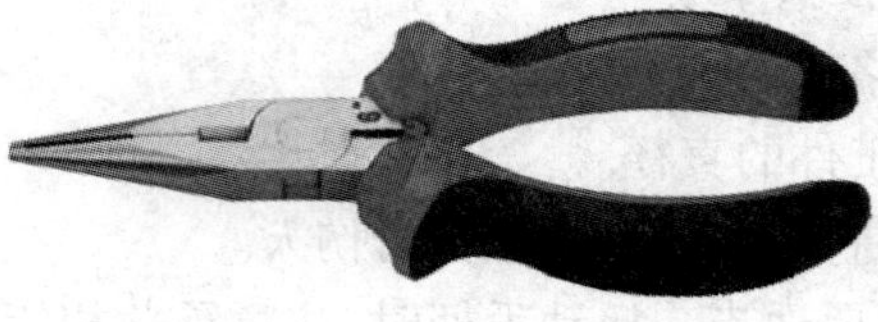

图 1-9 防爆尖嘴钳

1.1.1.5 防爆鲤鱼钳

防爆鲤鱼钳因外形酷似鲤鱼而得名,也称防爆鱼嘴钳,其特点是钳口的开口宽度有两挡位置可调节,可放大或缩小使用。它主要用于夹持扁形或圆形零件,可代替扳手旋小螺母和小螺栓,也可在颈部切断细导线,见图 1-10。

图 1-10 防爆鲤鱼(鱼嘴)钳

防爆鲤鱼钳的使用注意事项:

(1)塑料柄可以耐高压,使用过程中不要随意乱扔,以免损坏塑料管。

(2)在用钳子夹持零件前,必须用防护布或其他防护罩遮盖易损坏件,防止锯齿状钳口对易损件造成伤害。

(3)严禁把鲤鱼钳当成扳手使用,因为锯齿状钳口会损坏螺栓或螺母的棱角。

1.1.1.6 防爆台虎钳

1. 防爆台虎钳的作用

防爆台虎钳是用来加持工件的通用夹具,在易燃易爆的危险工作环境中,可以有效地防止工具与工作物体相互摩擦、撞击而产生可燃性爆炸,见图 1-11。

将防爆台虎钳装置在工作台上,用以夹稳加工工件,是钳工车间必备工具。转盘式的钳体可旋转,使工件旋转到合适的工作位置。

图 1-11　防爆台虎钳

2. 防爆台虎钳的规格

防爆台虎钳的规格一般用钳口宽度来表示，常用规格有 90 mm、125 mm、150 mm、170 mm。

3. 防爆台虎钳使用注意事项

(1)夹紧工件时，要松紧适当，只能用手扳紧手柄，不得借助其他工具加力。

(2)强力作业时，应尽量使力朝向固定钳身。

(3)不许在活动钳身和光滑平面上敲击作业。

(4)对丝杠、螺母等活动表面应经常清洗、润滑，以防生锈。

1.1.1.7　防爆工具使用保养

(1)防爆工具为在易燃易爆和易腐蚀的工作场所工作的人员提供了安全保障，使用完毕后，应该有一个妥当的维护阶段，因为如果对防爆工具的维护不妥当，就有可能使工具不能长久地为人们服务。首先要把工具放在干燥的地方保管，这是为了能使工具的部分部件不受损。

在日常工作中，连续敲击 20 次后应该对工具的表面附着物进行处理，揩净后再使用，千万不要连续使用，以免因为长时间处于摩擦状态使工具受热，损坏工具。

(2)使用后，要揩净表面污秽和积物，放置在干燥、安全的地方保管。

(3)敲击类工具，不可连续打击，超过 10 次应适当间歇，及时清除产品部位黏着的碎屑后再继续使用。

(4)扳手类工具不可超力使用，更不能用套管或绑缚其他金属棒料加长力臂，以及用锤敲击(敲击扳手除外)的方法旋钮紧固件。

(5)刃口类工具应放在水槽内轻轻接触砂轮进行刃磨，不可用力过猛和接触砂轮时间过长。

(6)在敲砸类工具实际操作中，必须清除现场杂物和工作面腐蚀的氧化物，防止第三者撞击。

在正常使用过程中，铝铜合金较适用于常压设备及防爆条件要求不太严格的环境(如加油站、小型油库等)，而铍铜合金防爆工具适用于如炼油厂、转储配站、采气厂、钻井队等环境。

(7)各种工具使用前，要清除表面油污，按钢制工具参照说明书使用。

1.1.2　非防爆工具

非防爆工具也称五金工具，是指铁、钢、铝等金属经过锻造、压延、切割等物理加工制造而成的各种金属器件的总称，见图 1-12。

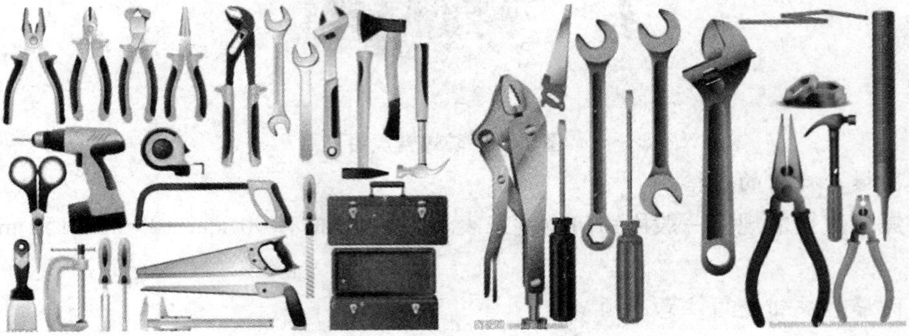

图 1-12　非防爆工具

五金工具包括各种手动工具、电动工具、气动工具、切割工具、汽保工具、农用工具、起重工具、测量工具、工具机械、切削工具、工夹具、刀具、模具、刃具、砂轮、钻头、抛光机、工具配件、量具刃具、磨具磨料等。常用的非防爆工具与防爆工具相似，在此不再进行详细介绍。

1.2　燃气场站常用机具

燃气场站常用的机具主要包括检测机具、照明机具、通信机具。

1.2.1　检测机具

检测机具主要用于场站日常生产、巡查巡检、抢修维修时检测可燃气体的浓度。场站主要运用便携式燃气检测仪。以下以 XP－311A 便携式燃气检测仪为例进行介绍。

1.2.1.1　XP－311A 便携式燃气检测仪结构

XP－311A 便携式燃气检测仪主要由转换开关、零调节旋钮、表盘、表盘照明按钮、电池腔、吸引管、气体引入胶管、过滤/除潮器等组成，如图 1-13 所示。

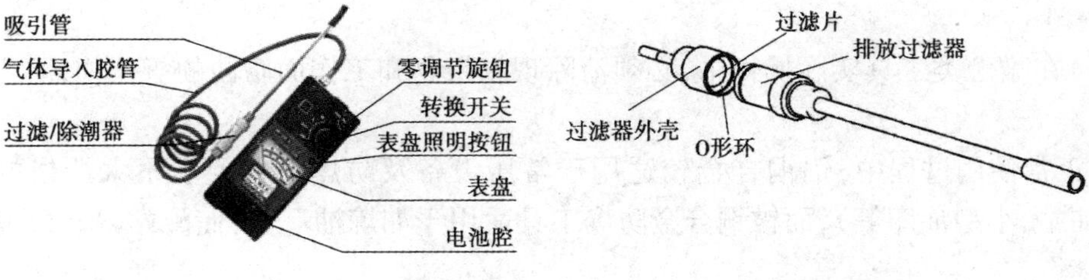

图 1-13　XP－311A 便携式燃气检测仪外观结构

1.2.1.2　XP－311A 便携式燃气检测仪技术规格

(1)检测气体对象：可燃性气体。

(2)检测范围:0 ~ 10% LEL/0 ~ 100% LEL。

(3)指示精度:满量程的 ±5% 。

(4)报警设定值:20% LEL(标准)。

(5)响应时间:3 s 以内。

(6)使用温度范围: -20 ~ 50 ℃。

(7)电源:5 号干电池 4 节。

1.2.1.3　XP-311A 便携式燃气检测仪操作方法

(1)装入电池。

打开检测仪侧面的电池腔盖,按照电池室内标的极性(+ 和 -),正确装入 4 节干电池,如图 1-14 所示。注意:必须在无气体泄漏的安全地方装入。

(2)检验电池电压

将转换开关由 OFF 转至 BATT 位置,来检查电池电压,判断能否使用。当指针在 BATT 蓝色线的左侧时,要更换电池,并且一次更换 4 节新电池,如图 1-15 所示。

(3)零调节。

先将转换开关由 BATT 转至 L 挡,待指针稳定,确认为 0。如指针偏离于 0 时,将零调节旋钮缓慢旋转,调至 0 为止,如图 1-16 所示。注意:零调节必须在 L 挡进行,并且在干净的空气中进行。

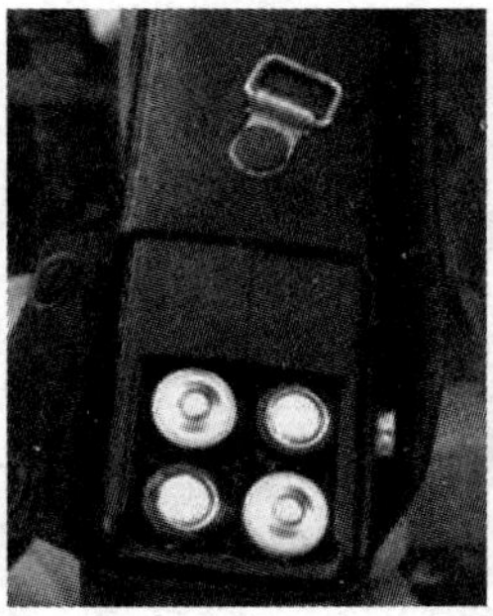

图 1-14　装入电池

图 1-15　检验电池电压

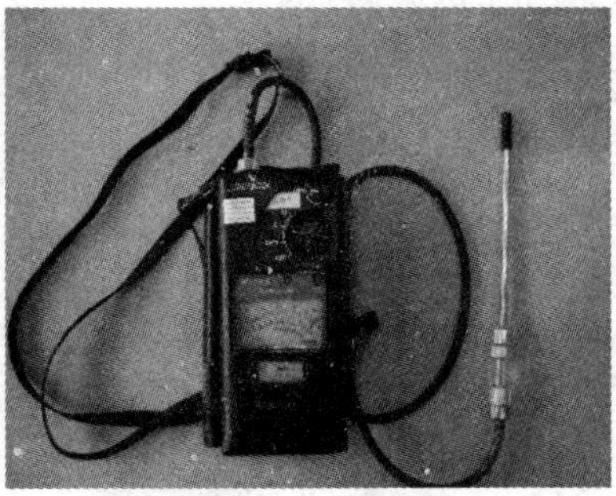

图 1-16　零调节

(4)测量。

将转换开关转至 L 挡或 H 挡,并将吸引管靠近所要检测的地点进行测量,感应到要测气体时,指针就会摆动,当指针稳定下来后,所指示刻度就是气体的浓度,如图 1-17 所示。

注意:在检测气体时,应先转到 H 挡,如指针所示在 10% 以下,再转换到 L 挡,以便读到更精确的数值,如图 1-18 所示。

(5)关机。

检测完毕后,必须使检测仪吸入干净空气而使指针回到 0 位置后方可关机,如图 1-19 所示。

1.2.1.4　XP-311A 便携式燃气检测仪使用注意事项

(1)须避免强烈的机械性冲击。

(2)不可长久放在高温、湿潮的地方。

图 1-17　测量(H 挡)

图 1-18　测量(L 挡)

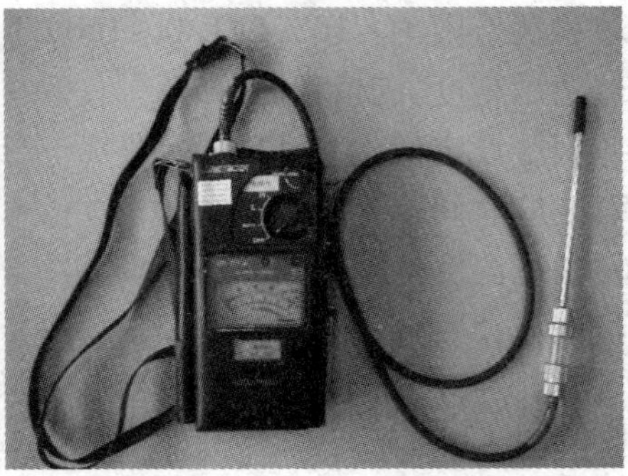

图 1-19　关机

(3)如果长时间不使用,应将电池取出;更换电池时,须在无气体泄漏的安全地方装入,应同时换上 4 节新电池。

(4)勿随便拆卸机器。

(5)切勿着水。

(6)不得堵塞进气口和排气口;否则,将无法检测。

(7)对机器进行保养时,用柔软布料擦拭,勿用有机溶剂或湿布擦拭。

(8)长时间使用,过滤/除潮器的滤纸会变脏,对水的遮挡力会下降,应注意使用情况,及时更换新滤纸。

1.2.2　照明机具

防爆手电筒为满足市场对高亮度小型节能照明灯具的需求而研制的,能安全可靠地为消防、电力、工矿企业及其他易燃易爆场所提供移动照明,见图 1-20。

图 1-20　防爆手电筒

1.2.2.1　性能特点

(1)光源采用进口高亮度 LED,节能高效,A 型有效照射距离可达 250 m 以上,强光、弱光可自由转换。

(2)采用全密封设计,防水可达 1 m。电池采用高容量环保锂电池,寿命长,自放电率低。

(3)外壳深度防滑处理,轻盈美观;携带方式除手持外,还可选用尾部挂绳手拎或长绳肩背。

(4)充电、放电、恒流采用芯片智能控制,多重保护,安全高效。

1.2.2.2　使用注意事项

(1)不要焚烧或拆解电池,其中的化学物质有腐蚀性,会伤害皮肤和眼睛。

(2)不要拉扯电池的引线或插头,防止损伤焊点和连接部位。

(3)不同型号的电池不可混用。

(4)初次使用前,用小电流充满电。

(5)不可并联充电,否则会产生不规则充电电流。

(6)不可反向使用电池或使之短路。

(7)电池充分放电后,应延长充电时间以达到饱和电量。

(8)将电池存放于阴凉通风干燥、温度不高于 45 ℃的环境中。

(9)在电池充满电或半满的情况下,不要将大量的电池密集存放。

(10)不要和酸性气体接触,避免靠近火源。

1.2.3　通信机具

燃气场站通信机具主要是防爆对讲机。防爆对讲机是指可以工作在爆炸性气体环境的对讲机。和民用对讲机不同,防爆对讲机并非指自身能抵抗爆炸的对讲机,而是指可以在爆炸性气体环境下工作的对讲机。它适用于环境恶劣、存在危险可燃气体或粉尘的环境,如石油、煤矿、化工、火电、食品加工等行业。对讲机是靠电磁波来传递信号的,电磁波的传递靠的是电场与磁场的不断转换,在这种转换过程中就容易产生电火花。而防爆对讲机由于其线路经过特殊的处理,转换过程中可能产生火花的地方都被屏蔽了,因此安全性高。防爆对讲机见图 1-21。

图 1-21　防爆对讲机

防爆对讲机的使用注意事项:

(1)不要在危险环境中更换电池和其他附件。拆装时,产生的接触电火花会引起爆炸或火灾。即使是经过防爆检测机构认证的产品,在危险大气中使用时,也不可将附件连接器暴露在外。不需要使用附件连接器时,应当用防尘罩严密遮蔽。

(2)防爆对讲机使用两年后应及时返厂重新检测确定防爆等级,以免因长期使用降低了防爆等级而产生意外。

(3)不要以任何方式自行拆卸经过防爆检测机构认证的产品。改装对讲机会改变对讲机硬件的原有设计结构。只有产品的原制造商才可以在经过防爆检测机构认证的生产场地内进行改装。未经授权的改装将导致该产品防爆认证失效。

(4)整机充电时,应将电源开关关闭,不可在充电的同时通话,以免烧毁元件或电池发生意外。

(5)不可将电池“ + ”“ - ”两极短路连接。

(6)在使用时,不要用手去拿天线,不可弯折天线。

第 2 章　燃气场站消防及安全管理

2.1　火　灾

2.1.1　燃烧的定义

燃烧是一种发光和发热的强烈氧化还原反应。

2.1.2　燃烧三要素

燃烧的发生与发展必须具备三个基本条件,即燃烧三要素:

(1)可燃物;

(2)助燃物;

(3)温度(点火源)。

2.1.3　燃烧的阶段

燃烧分为以下五个阶段:

(1)初起阶段;

(2)发展阶段;

(3)猛烈阶段;

(4)下降阶段;

(5)熄灭阶段。

2.1.4　火灾的定义

火灾是指时间或空间上失去控制的燃烧所造成的灾害。

2.1.5　火灾的分类

按火灾燃烧物质及特性,可分为 A、B、C、D、E 五个类别的火灾。

A 类火灾:指含碳固体可燃物,如木材、棉、纸张等(燃烧后有余灰);

B 类火灾:指甲、乙、丙类液体,如汽油、柴油等(会挥发);

C 类火灾:指可燃气体,如天然气、煤气、乙炔等;

D 类火灾:指可燃金属,如钾、镁、铝合金等;

E 类火灾:指带电物体和精密仪器等物质火灾(非国家标准,消防行业习惯称呼)。

2.1.6　火灾的危害

火是人类赖以生存和发展的一种自然力。可以说,没有火的使用,就没有人类的进化和发展,也就没有今天的物质文明和精神文明。当然,火与其他物质一样也具有两重性,它给人类带来了文明和幸福,促进了人类物质文明的不断发展。但是火也能给人类带来巨大的灾难,火一旦失去了控制,超出了有效的范围,就会烧掉人类经过辛勤劳动创造的物质财富,甚至夺去许多人的生命和健康,造成难以挽回和弥补的损失。

火灾的危害主要包括:①给人体直接造成烧伤和烧死;②造成财产的损失;③火灾产生的烟气造成危害。

2.1.7　烟气组成成分

烟气是一种混合物,包括燃烧产物如二氧化碳、一氧化碳、水蒸气、未燃的燃气等多种有毒、有腐蚀性的气体,固体微小颗粒和液滴及卷入的空气等。火灾除造成直接烧伤和烧死外,往往更多(约一半以上)的人员的死亡是由烟气造成的。

2.2　灭火原理及基本方法

为防止火势失去控制,继续扩大燃烧而造成灾害,需要采取一定的方式将火扑灭,常见的灭火方法有隔离灭火法、冷却灭火法、窒息灭火法、化学抑制灭火法等,这些方法的根本原理是破坏燃烧条件。

2.2.1　隔离灭火法

在燃烧三要素中,可燃物是燃烧的主要因素。将可燃物与氧气、火焰隔离,就可以中止燃烧、扑灭火灾。如自动喷水泡沫联用系统在喷水的同时,喷出泡沫,泡沫覆盖于燃烧液体或固体的表面,在冷却的同时,将可燃物与空气隔开,从而灭火。再如,发生可燃液体或可燃气体火灾,在灭火时,迅速关闭输送可燃液体或可燃气体的管道上的阀门,切断流向着火区的可燃液体或可燃气体的输送,同时也打开可燃液体或可燃气体的管道通向安全区域的阀门,使已经燃烧或即将燃烧或受到火势威胁的容器中的可燃液体、可燃气体转移。隔离灭火法见图 2-1。

2.2.2　冷却灭火法

可燃物一旦达到着火点,即会燃烧或持续燃烧。将可燃物的温度降到一定温度以下,燃烧即会停止。对于可燃固体,将其冷却在燃点以下;对于可燃液体,将其冷却在闪点以下,燃烧反应就会中止。用水扑灭一般固体物质的火灾,主要是通过冷却作用来实现的,水具有较大的热容量和很高的汽化潜热,冷却性能很好。在用水灭火的过程中,水大量地吸收热量,使燃烧物的温度迅速降低,致使火焰熄灭、火势受到控制、火灾终止。水喷雾灭火系统的水雾,其水滴直径细小,比表面积大,和空气接触范围大,极易吸收热气流的热

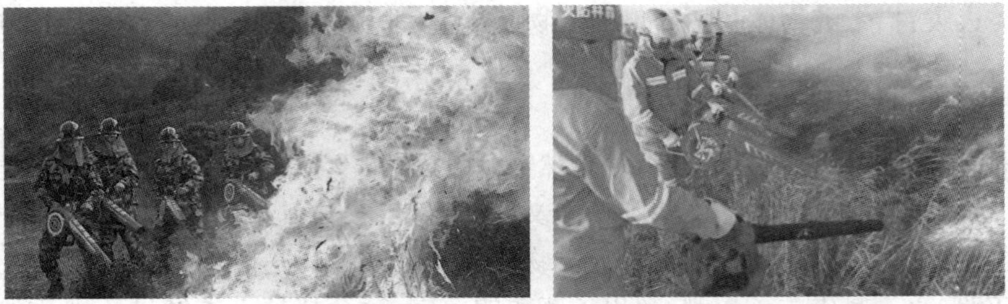

图 2-1 隔离灭火法

量，也能很快地降低温度，效果更为明显。冷却灭火法见图 2-2。

图 2-2 冷却灭火法

2.2.3 窒息灭火法

可燃物的燃烧是氧化作用，需要在最低氧浓度以上才能进行，低于最低氧浓度，燃烧不能进行，火灾即被扑灭。一般氧浓度低于 15% 时，就不能维持燃烧。在着火场所内，可以通过灌注不燃气体，如二氧化碳、氮气、蒸汽等，来降低空间内的氧浓度，从而达到窒息灭火。此外，水喷雾灭火系统实施动作时，喷出的水滴吸收热气流热量而转化成蒸汽，当空气中水蒸气浓度达到 35% 时，燃烧即停止，这也是窒息灭火的应用。窒息灭火法见图 2-3。

图 2-3 窒息灭火法

2.2.4 化学抑制灭火法

由于有焰燃烧是通过链式反应进行的，如果能有效地抑制自由基的产生或降低火焰中的自由基浓度，即可使燃烧中止。化学抑制灭火的灭火剂常见的有干粉和卤代烷（已淘汰）。化学抑制灭火法灭火，灭火速度快，若使用得当，可有效地扑灭初期火灾，减少人员和财产的损失。化学抑制灭火法灭火对于有焰燃烧火灾效果好,但对深度火灾,由于渗透性较差,灭火效果不理想。在条件许可情况下,采用化学抑制灭火法灭火的灭火剂与水、泡沫等灭火剂联用,会取得满意效果。化学抑制灭火法见图2-4。

图2-4　化学抑制灭火法

2.3　灭火器

2.3.1　灭火器种类及适用范围

灭火器是一种可由人力移动的轻便灭火器具,它能在其内部压力作用下,将所充装的灭火剂喷出,用以扑救火灾。灭火器种类繁多,其适用范围也有所不同,只有正确地选择灭火器的类型,才能有效地扑救不同种类的火灾,达到预期的效果。我国现行的国家标准将灭火器分为手提式灭火器(总质量不大于20 kg)和车推式灭火器(总质量不大于40 kg)。常见各类灭火器见图2-5。

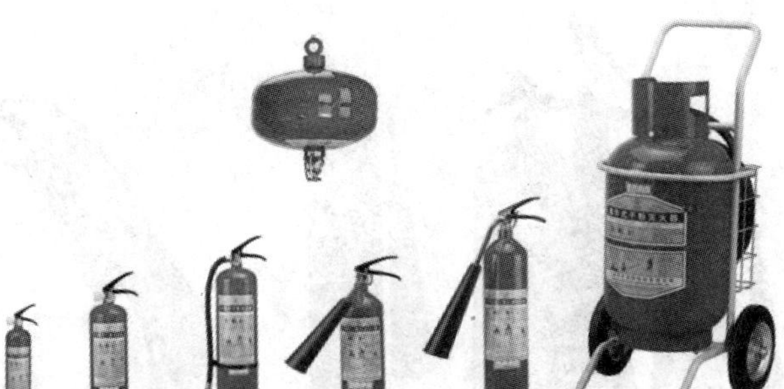

图2-5　常见各类灭火器

2.3.1.1　按灭火剂不同分类

1. 干粉类的灭火器

B类或电火(E类,或美国的C类)可使用干粉灭火器,BC粉是碳酸氢钠或碳酸氢钾粉末,以二氧化碳或氮气推动。

粉末能吸收火的热力,令燃烧的化学反应无法继续,部分粉末也可稍微抑制化学反应的进行。粉末可令火势暂停蔓延,但未必足以压灭火,因此粉末灭火器通常会与泡沫灭火器一同使用。

ABC 粉是硫化铵或磷化铵，除了能压制火，还会溶解成一层黏膜，阻隔燃烧表面与气体的热力传送，因此对 A 类火灾也有效。ABC 粉是对付多种火灾最佳的选择，对付立体的 A 类火灾，则以水或泡沫类灭火器较为有效。这两类粉剂皆可用于电火，但其腐蚀性很可能令设备无法修复。干粉灭火器见图 2-6。

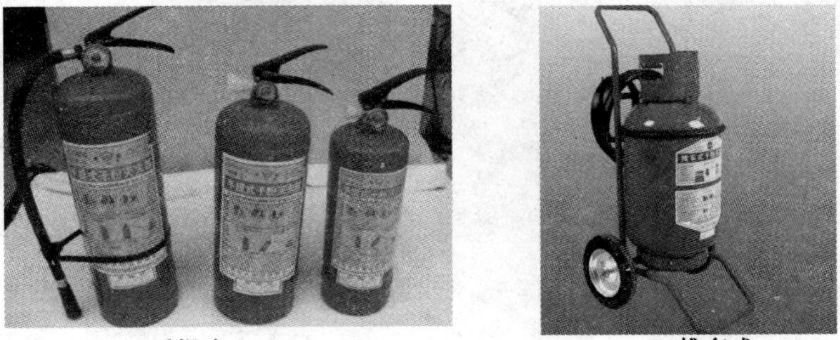

(a)手提式　　(b)推车式

图 2-6　干粉灭火器

2. 二氧化碳灭火器

二氧化碳灭火器可用于 B 类、C 类及 E 类火灾，作用是把空气排挤出，令火失去氧气熄灭。因为二氧化碳是气体，不会残留，因此用于电火可避免损坏设备（二氧化碳灭火器用在 A 类火灾上是可行的，但必须长时间使用，手提灭火器不可能提供足够的剂量）。二氧化碳灭火器的喷喉顶部通常为一筒状。由于二氧化碳在灭火器里是低温储存，使用时要小心避免接触，以免引起冻伤。使用二氧化碳灭火时，会减少火场的氧气量，所以在空气不流通的环境下使用二氧化碳灭火器灭火，会影响呼吸，不适合长时间使用，使用后必须尽快离开现场。二氧化碳灭火器见图 2-7。

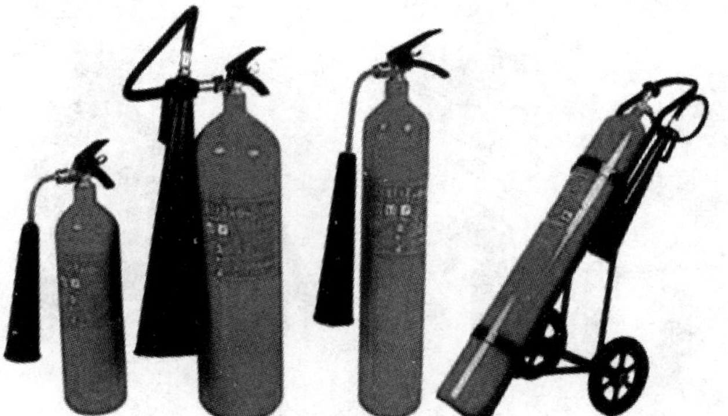

图 2-7　二氧化碳灭火器

3. 泡沫灭火器

泡沫灭火器常被用于 B 类火灾，也可用于 A 类火灾。其灭火剂（水中加泡沫剂）产生的泡沫能浮在燃烧中的液体之上，隔绝火及燃烧表面。普通泡沫可用于非极性燃料如汽油燃烧，用于极性液体如酒精或甘油则可能会过快分解而失效。储存大量极性易燃液体的地方要使用特制的酒精泡沫。泡沫灭火器见图 2-8。

(a)手提式泡沫灭火器

(b)移动式泡沫灭火装置

图 2-8　泡沫灭火器

4. 水型灭火器

所谓水型灭火器,其实就是利用消防水车灭火的装置。

2.3.1.2　按驱动类型不同分类

(1)化学反应式灭火器:灭火剂由灭火器内化学反应产生的气体压力驱动的灭火器。

(2)储气式灭火器:灭火剂由灭火器上的储气瓶释放的压缩气体或液化天然气的压力驱动的灭火器。

(3)储压式灭火器:灭火剂由同一容器内的压缩气体或灭火蒸汽的压力驱动的灭火器。

2.3.1.3　灭火器的适用范围

(1)干粉类的灭火器。分为碳酸氢钠和磷酸铵盐灭火剂。碳酸氢钠干粉灭火器用于扑救 B、C 类火灾;磷酸铵盐干粉灭火器用于扑救 A、B、C、E 类火灾。

(2)二氧化碳灭火器。用于扑救 B、C、E 类火灾。

(3)泡沫灭火器。用于扑救 A、B 类火灾。

(4)水型灭火器。用于扑救 A 类火灾。

(5)卤代烷型灭火器。用于扑救 A、B、C、E 类火灾。

(6)D 类火灾必须采用专业的 D 类灭火剂才能进行有效扑灭,若没有储备该类灭火器设备,可以采用沙土将其覆盖隔离,让其自行燃烧殆尽,防止灾害进一步扩大。

2.3.2　灭火器的使用方法

2.3.2.1　灭火器标志及状态识别

1. 标志识别

(1)灭火器的名称、型号和灭火剂类型。

(2)灭火器的灭火种类和灭火级别(要特别注意的是,对不适应的灭火种类,其用途代码符号是被红线画过的)。

(3)灭火器的使用温度范围。

(4)灭火器驱动器气体名称和数量。

(5)灭火器生产许可证编号或认可标记。

(6)生产日期、制造厂家名称。

2.状态识别

灭火器上有一圆形压力指示表盘,一般分为红、绿、黄三个区域:

(1)指针指在绿色位置时,表明压力正常(1.2 MPa左右),可以正常使用。

(2)指针指在黄色位置时,表示灭火器内部工作压力已超过正常压力范围。读数过高(达到2.5 MPa),表示灭火器内的干粉压力过大,可以喷出干粉,但可能会造成喷射时间减少或有爆破、爆炸的危险。这种状态的灭火器,最好拿到正规的消防器材店重新充装干粉。

(3)指针指在红色位置时,表明已开启过或压力过低或没气压,不能正常使用,或不能喷出,已经失效。没有开启过的失效主要是由于里面的药粉自然分解或灭火器本身是漏气的,这时应该到正规的消防器材店重新充装干粉。

所以,要经常检查压力表,及时更换填充物。

2.3.2.2 灭火器的使用方法

干粉灭火器、二氧化碳灭火器使用方法(见图2-9)大体相同,具体如下:

图2-9 灭火器使用方法

(1)不能颠倒使用;

(2)占据火势上风或侧上风方向;

(3)保持适当距离(一般灭火器为4~5 m,干粉灭火器为2~3 m);

(4)拔去保险销,一手握住开启压把,另一手紧握喷枪,用力捏紧开启压把;

(5)对准火焰根部喷射,由远及近,水平喷射;

(6)火焰未灭,不要轻易放松压把。

注意:使用二氧化碳灭火器时,不能直接用手抓住喇叭筒外壁或金属连线管,防止手被冻伤。

2.4　场站常见的消防措施

2.4.1　紧急关闭系统

每个 LNG 设备上都应装备紧急关闭系统(ESD),该系统可隔离或切断 LNG、可燃液体、可燃制冷剂和可燃气体的来源,并关闭一些如继续运行可能加大或维持灾情的设备。紧急切断阀见图 2-10,紧急停车按钮见图 2-11。

图 2-10　紧急切断阀

图 2-11　紧急停车按钮

2.4.2　火灾和泄漏监控系统

火灾和泄漏监控系统主要包括:设置在汽化器里的碳氢化合物泄漏检测器和设置在大气中的可燃气体检测器,在汽化区、储罐区、外送泵区设置的紫外线或红外线火焰探测器,在控制室、电气室和消防泵房设置的烟气检测器以及用来检测 LNG 是否泄漏的低温检测器。火焰探测器见图 2-12。

图 2-12　火焰探测器

2.4.3　消防水系统

消防水系统由消防泵房、消防水池、消防给水管道及消火栓、消防水枪等组成。水可用来控制 LNG 产生大火,但不能灭火。如果将水喷到 LNG 表面,会使 LNG 的蒸发率增大,从而使 LNG 的火势更大。因此,不能用水直接喷淋到 LNG 或 LNG 蒸气上。用水的目的主要是将尚未着火而火焰有可能经过的地方淋湿,使其不易着火。消防水系统见图 2-13。

消防水池

消防水泵

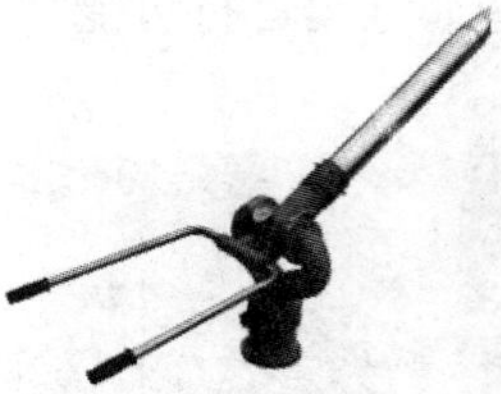
消防水炮

消防栓

消防栓箱

图 2-13　消防水系统

2.4.4　干粉灭火系统

干粉灭火系统是扑灭高压力、大流量天然气火灾的最有效措施。由于干粉灭火剂对燃烧物的冷却作用很小，在扑灭较大规模的火灾时，如灭火不完全或因火场中炽热物的作用，容易发生复燃。

2.4.5　泡沫灭火系统

泡沫灭火剂可分为化学泡沫灭火剂、空气泡沫灭火剂、氟蛋白泡沫灭火剂、水成膜泡沫灭火剂等。LNG 汽化站常采用高倍数泡沫灭火系统，灭火器喷出大量泡沫覆盖在泄漏的 LNG 上面，能减少来自空气的热量，有效降低 LNG 蒸气产生的速度。高效泡沫发生器见图 2-14。

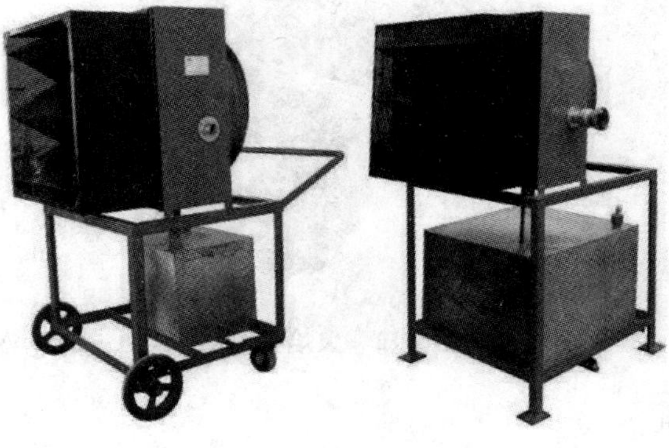

图 2-14　高效泡沫发生器

根据《建筑灭火器配置设计规范》(GB 50140—2005)的规定，生产区为严重危险级场所，设置手提式干粉灭火器和推车式干粉灭火器。控制室、变电室内配置手提式二氧化碳灭火器，以保证迅速有效地扑灭初期火灾和零星火灾。

第 3 章　液化天然气储配站典型工艺、参数与操作规程

3.1　LNG 槽车装车

3.1.1　LNG 槽车充装工艺、参数

3.1　液化天然气(LNG)生产、储运和装运

3.2　LNG 储运现状及发展趋势

LNG 装车作业涉及温度、压力,以及相态变化等方面,需要有专门的装车工艺来保障作业的顺利开展。

利用站内的空温式升压汽化器对储罐进行升压,使槽车与 LNG 储罐之间形成一定的压差,利用此压差将储罐中 LNG 装入槽车储罐内。LNG 再通过公路槽车或罐式集装箱车从 LNG 液化工厂运抵用气城市 LNG 汽化站。

装车时,为防止 LNG 槽车罐内压力升高而影响装车速度,当槽车中 LNG 的温度高于储罐中 LNG 的温度时,采用上进液方式,储罐中的低温 LNG 通过槽车上进液管喷嘴以喷淋状态进入槽车内,将部分气体冷却为液体而降低槽车罐内压力,使装车得以顺利进行。当槽车中 LNG 的温度低于储罐中 LNG 的温度时,采用下进液方式,高温 LNG 由下进液口进入槽车罐内,与罐内低温 LNG 混合而降温,避免高温 LNG 由上进液口进入罐内蒸发而升高槽车罐内压力导致装车困难。

为防止装车时急冷产生较大的温差应力损坏管道或影响装车速度,每次装车前都应当用储罐中的 LNG 对装车管道进行预冷。同时,应防止快速开启或关闭阀门使 LNG 的流速突然改变而产生液击损坏管道。

一般槽车的允许充装量不超过 90%,运输压力最好低于 0.2 MPa。

储罐增压装车操作工艺流程见图 3-1。

3.1.2　LNG 槽车充装操作规程

3.1.2.1　装车准备

场站操作人员准备相关劳保用品及相关工具,包括防冻服、防冻手套、防冻头盔、防冻靴(皮靴)、防爆呆扳手、防爆梅花扳手、防爆活动扳手、防爆断线钳、防爆螺丝刀、四氟垫、装卸车记录本等。

本页 3.2 二维码资料来源于 https://wk.baidu.com/view/64965dd028ea81c758f5781d#1.

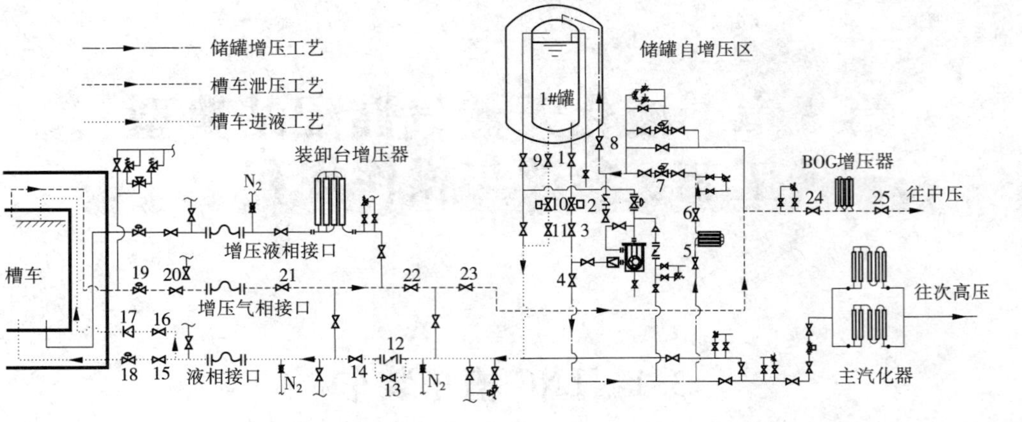

1—储罐出液根部阀;2—储罐出液气动阀;3—储罐出液操作阀1;4—储罐出液操作阀2;5—储罐增压器进口阀;6—储罐增压器出口阀;7—储罐自力器增压阀;8—储罐BOG根部阀;9—储罐下进液根部阀;10—储罐下进液气动阀;11—储罐下进液操作阀;12—装卸台进液单向阀;13—装卸台进出液旁通阀;14—装卸台进出液总阀;15—槽车下进液操作阀;16—槽车上进液操作阀;17—槽车上进液单向阀;18—槽车下进液气动阀;19—槽车增压气相气动阀;20—槽车增压气相操作阀;21—装卸台BOG气相进出口阀;22—装卸台BOG泄压阀;23—装卸台BOG平衡阀;24—BOG增压进口阀;25—BOG增压出口阀

图3-1　储罐增压装车操作工艺流程

3.1.2.2　管道预冷(阀后预冷)

场站操作人员依次开启BOG(Boil Off Gas,即蒸发气体)加热器前阀、装卸台阀后气液连通阀、BOG平衡阀、储罐的上进液连通阀;装卸台阀后连通管出现结霜后,关闭装卸台阀后气液连通阀。管道预冷(阀后预冷)操作工艺流程见图3-2。

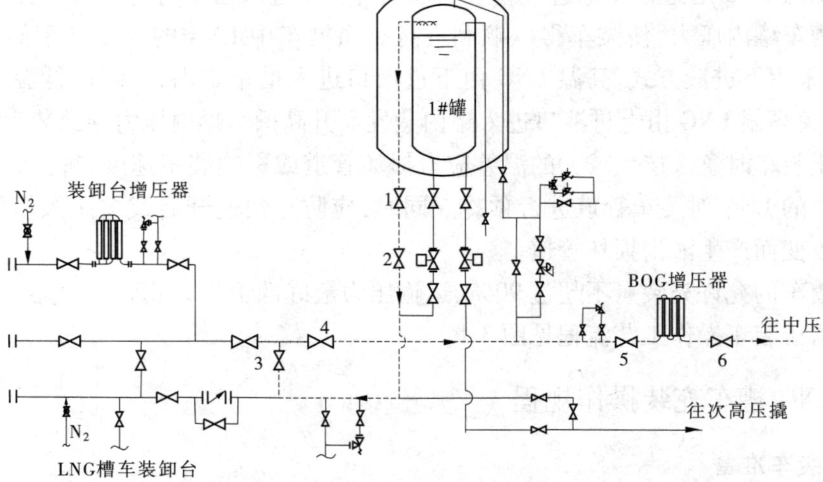

1—储罐出液根部阀;2—储罐上进液操作阀;3—阀后气连通阀(后旁通);
4—装卸台BOG第三道阀;5—BOG增压进口阀;6—BOG增压出口阀

图3-2　管道预冷(阀后预冷)操作工艺流程

3.1.2.3　槽车进站前安全检查

(1)场站操作人员检查车辆及从业人员的相关证件是否齐全(包括有效的《危险货物

道路运输许可证》《压力容器使用登记证》《道路运输驾驶员从业资格证》《道路危险货物运输押运员证》等）。

（2）储罐是否在有效期内，储罐有无变形、破损或车辆油水有无泄漏（槽车罐体标注日期必须在有效期内）。

（3）防静电接地是否完好。

（4）安全阀、压力表、液位计在有效期内（外观完好并在有效检测期内）。

（5）是否安装有防火罩（正确安装并且无腐蚀穿孔）。

（6）司机及押运员是否穿着防静电工作服（司机进站前，必须穿着防静电工作服）。

（7）配备灭火器是否在有效期内（槽车应配备 2 个灭火器，并且须在有效期内，压力要符合要求）。

（8）驾驶室内无火种及其他危险品（应无打火机、火柴、汽油等）。

3.1.2.4　装车准备

（1）罐车限速 5 km/h 以下进入储配站，停放到指定位置进行过磅。LNG 槽车进站过磅后停靠装卸台，关闭汽车发动机，槽车钥匙交站区操作人员，槽车前后轮加限位块，槽车防静电接地线连接完好。

（2）驾驶员打开罐车尾部的操作箱门，检查各阀门的开关位置是否正常，压力表、液位计显示的数值是否在正常范围。正确连接槽车与装卸台间三条工艺金属软管。将场站装卸台的 3 条软管与对应的 3 个接口分别连接并紧固，由操作人员对接管的情况进行检查，在符合装卸要求的前提下才能开始下一步操作。

（3）开启槽车气动紧急切断阀，打开槽车增压液相、增压气相及出液管上紧急切断阀。

LNG 槽车尾部操作箱实物图见图 3-3。

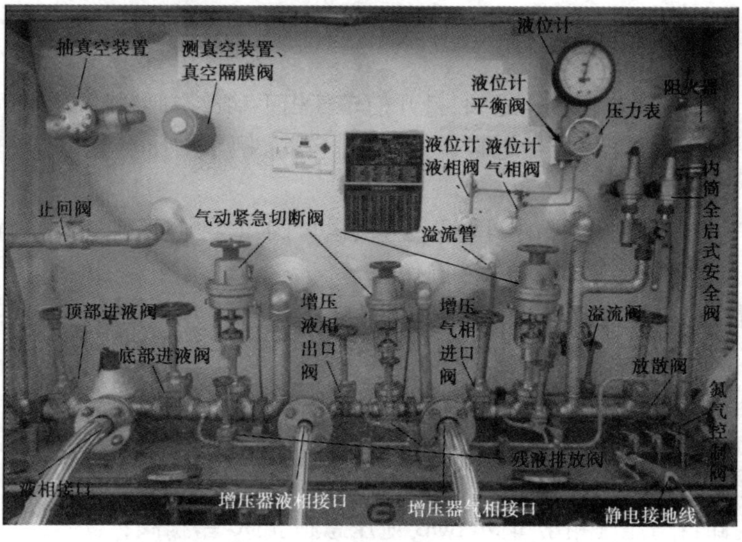

图 3-3　LNG 槽车尾部操作箱实物图

3.1.2.5　装卸台阀前置换

1. 氮气置换

（1）开启氮气进口阀，槽车增压液相排空阀，排放 15 ~ 30 s 后关闭。

(2)开启装卸台槽车增压器进口阀、槽车增压器手动排空阀,排放15~30 s后关闭。

(3)开启槽车增压器出口阀、装卸台增压气相出口阀、槽车增压气相手动排空阀,排放15~30 s后关闭。

(4)开启阀前气液连通阀、装卸台EAG放空总阀、槽车液相排空阀,排放15~30 s后关闭。

(5)关闭氮气进口阀。

利用氮气置换空气操作工艺流程见图3-4。

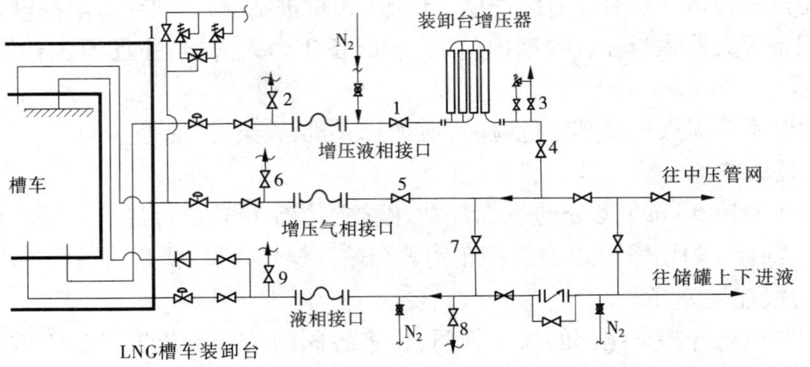

1—装卸台增压器进口阀;2—槽车增压液相排空阀;3—装卸台增压器手动放散阀;4—装卸台增压器出口阀;5—装卸台BOG气相出口阀;6—槽车增压气相排空阀;7—阀前气液连通阀(前旁通);8—装卸台EAG放空总阀;9—槽车进出液排空阀

图3-4 利用氮气置换空气操作工艺流程

2.储罐上进液BOG置换

(1)开启上进液操作阀、装卸台进出液旁通阀,打开装卸台进出液总阀,开启槽车液相手动排空阀,排放15 s后关闭。

(2)开启装卸台阀前气液连通阀,打开槽车气相手动放空阀,排放15 s后关闭。

(3)开启装卸台槽车增压器进口阀、手动排空阀、槽车增压器进口阀、槽车增压液相排空阀,排放15 s后关闭。

(4)置换完毕,关闭装卸台槽车增压器进、出口阀,装卸台阀前气液连通阀,装卸台进出液总阀,装卸台进液旁通阀,上进液操作阀。

利用储罐上进液置换氮气操作工艺流程见图3-5。

(5)空载LNG槽车装车前压力不得高于0.3 MPa,当槽车压力高于0.3 MPa时,应在站内排放至0.3 MPa以下。

(6)槽车罐箱降压操作:

①手动开启槽车气相阀;

②开启装卸台增压气相出口阀、BOG泄压总阀、BOG平衡阀;

③BOG增压器进出口阀及中压撬进出口阀;

④当槽车罐箱压力低于0.3 MPa后,依次关闭槽车气相手动阀、BOG泄压总阀、BOG平衡阀、BOG增压器进出口阀及中压撬进出口阀。

LNG槽车装车前泄压操作工艺流程见图3-6。

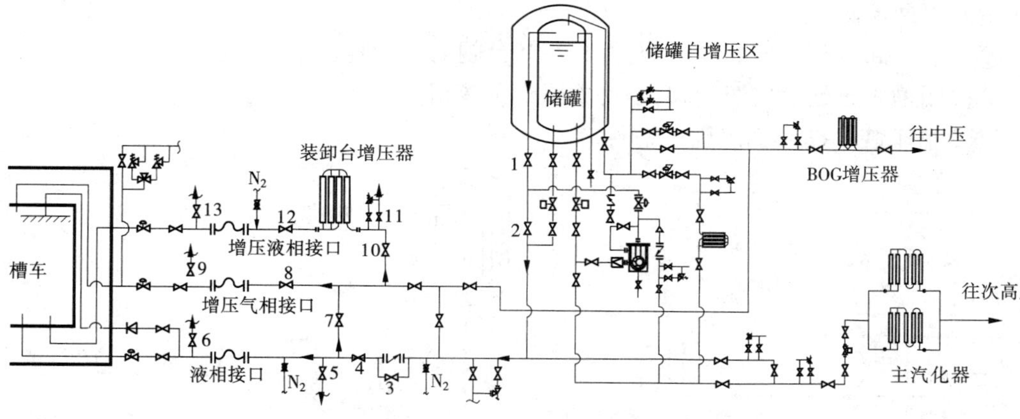

1—储罐上进液根部阀;2—储罐上进液操作阀;3—装卸台进出液旁通阀;4—装卸台进出液总阀;5—装卸台 EAG 放空总阀;6—槽车进出液管放空阀;7—阀前气液连通阀;8—装卸台增压气相出口阀;9—槽车增压气相操作阀;10—槽车自增压器出口阀;11—槽车增压器手动排空阀;12—槽车自增压器进口阀;13—槽车增压液 EAG 放空阀

图 3-5　利用储罐上进液置换氮气操作工艺流程

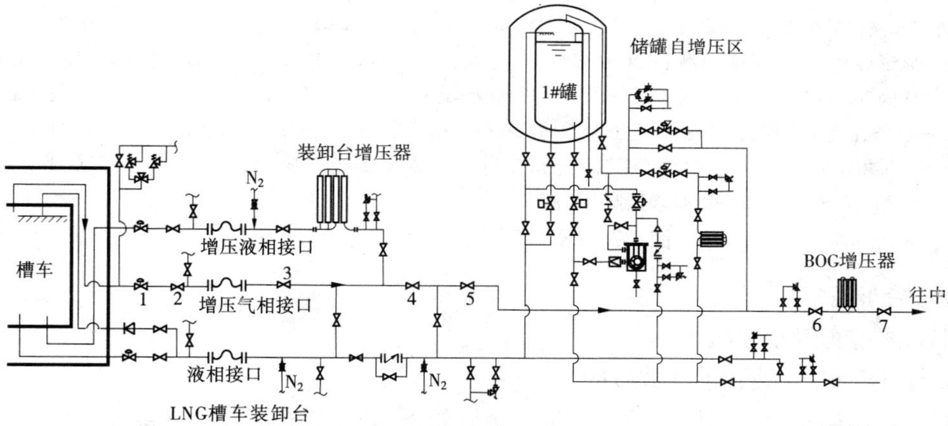

1—槽车增压气相气动阀;2—槽车增压气相操作阀;3—装卸台增压气相出口阀;4—装卸台 BOG 泄压总阀;5—装卸台 BOG 平衡阀;6—BOG 增压器进口阀;7—BOG 增压器出口阀

图 3-6　LNG 槽车装车前泄压操作工艺流程

(7)槽车进液:

①选择压力、液位较高的储罐,开启储罐下进液连通阀,开启装卸台进液旁通阀,最后打开装卸台液相主阀;

②确认槽车罐箱由上进液管开始进液,打开槽车下进液手动阀;

③当槽车压力与出液储罐压力相等时,依次开启槽车气相手动阀、装卸台气相阀、出液储罐 BOG 手动阀,同时关闭 BOG 加热器前阀;

④槽车罐箱液位表升至 600 mm 时,关闭槽车液相手动阀;

⑤槽车罐箱液位表升至 900 mm 时,依次关闭出液储罐下进液阀、出液储罐 BOG 手动阀,并开启出液储罐上进液阀及 BOG 加热器前阀;

⑥确认进液总管液相全部进入槽车后,关闭装卸台主进液阀,关闭装卸台气相阀,开

启进液总管回流阀；

⑦开启装卸台阀前气液连通阀，打开装卸台阀前放空阀；

⑧关闭槽车三处紧急切断阀，手动关闭槽车液相、气相阀。

LNG 槽车装车操作工艺流程见图 3-7。

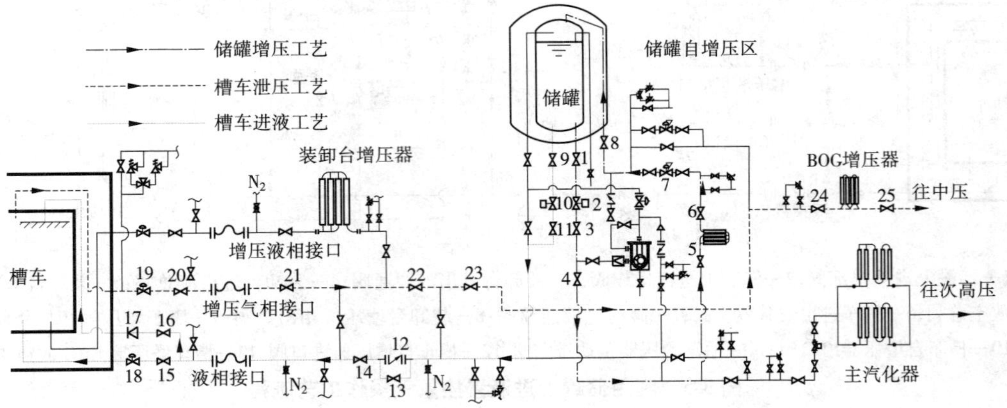

1—储罐出液根部阀；2—储罐出液气动阀；3、4—储罐出液操作阀；5—储罐增压器进口阀；6—储罐增压器出口阀；7—储罐自力式增压阀；8—储罐 BOG 根部阀；9—储罐下进液根部阀；10—储罐下进液气动阀；11—储罐下进液操作阀；12—装卸台进液单向阀；13—装卸台进出液旁通阀；14—装卸台进出液总阀；15—槽车下进液操作阀；16—槽车上进液操作阀；17—槽车上进液单向阀；18—槽车下进液气动阀；19—槽车增压气相气动阀；20—槽车增压气相操作阀；21—装卸台 BOG 气相进出口阀；22—装卸台 BOG 泄压阀；23—装卸台 BOG 平衡阀；24—BOG 增压器进口阀；25—BOG 增压器出口阀

图 3-7　LNG 槽车装车操作工艺流程

(8)装车完毕：

①关闭槽车气动引压阀；

②打开槽车气、液相手动放空阀；

③拆除连接装卸台与槽车的三条工艺金属软管，安装槽车管线接口盲板；

④关闭槽车气、液相手动放空阀；

⑤拆除连接装卸台与槽车的防静电接地线；

⑥移去槽车前后轮限位块；

⑦交还槽车钥匙。

3.2　LNG 槽车卸车

3.2.1　LNG 槽车卸车工艺、参数

LNG 槽车卸车作业涉及温度、压力，以及相态变化等方面，需要有专门的卸车工艺来保障作业的顺利开展。

LNG 通过公路槽车或罐式集装箱车从 LNG 液化工厂运抵用气城市 LNG 汽化站，利用槽车上的空温式升压汽化器对槽车储罐进行升压（或通过站内设置的卸车增压汽化器

对罐式集装箱车进行升压)，使槽车与 LNG 储罐之间形成一定的压差，利用此压差将槽车中的 LNG 卸入汽化站储罐内。卸车结束时，通过装卸台气相管道回收槽车中的气相天然气。

槽车增压卸车操作工艺流程见图 3-8。

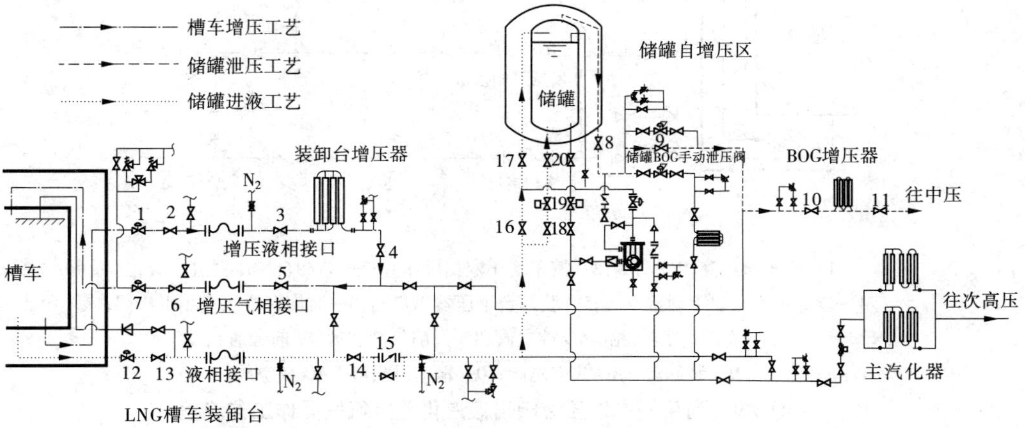

1—槽车增压气相气动阀；2—槽车增压液相操作阀；3—装卸台增压器进口阀；4—装卸台增压器出口阀；5—装卸台增压气相出口阀；6—槽车增压气相操作阀；7—槽车增压气相气动阀；8—储罐 BOG 根部阀；9—储罐 BOG 手动泄压阀；10—BOG 增压器进口阀；11—BOG 增压器出口阀；12—槽车下进液气动阀；13—槽车下进液操作阀；14—装卸台进出液总阀；15—装卸台进液单向阀；16—储罐上进液操作阀；17—储罐上进液根部阀；18—储罐下进液操作阀；19—储罐下进液气动阀；20—储罐下进液根部阀

图 3-8　槽车增压卸车操作工艺流程

3.2.2　LNG 槽车卸车操作规程

(1)劳保用品准备：场站操作人员准备相关劳保用品及相关工具(与装车相同)。

(2)管道预冷(阀后预冷)：场站操作人员依次开启 BOG 加热器前阀、装卸台阀后气液连通阀、BOG 平衡阀、储罐的上进液连通阀、装卸台阀后连通管，出现结霜后，关闭装卸台阀后气液连通阀（与装车相同)。

(3)槽车进站前安全检查(与装车相同)。

(4)卸车准备(与装车相同)。

(5)装卸台阀前置换。

氮气置换(与装车相同)。

槽车增压液相出液置换。

①依次开启装卸台增压器液相进口、气相出口、BOG 管道阀门；

②开启槽车增压液相手动阀，打开槽车气相手动放空阀，30 s 后关闭放空阀；

③开启装卸台阀前气液连通阀，打开槽车出液管手动放空阀，10 s 后关闭放空阀。

利用槽车增压液相出液汽化置换氮气操作工艺流程见图 3-9。

(6)槽车增压。

关闭装卸台阀前气液连通阀，缓慢开启槽车气相手动阀，观察压力表读数，将槽车增压至 0.5～0.6 MPa（罐车内压力不得高于 0.68 MPa)，当罐车内压力达到高于场站储罐

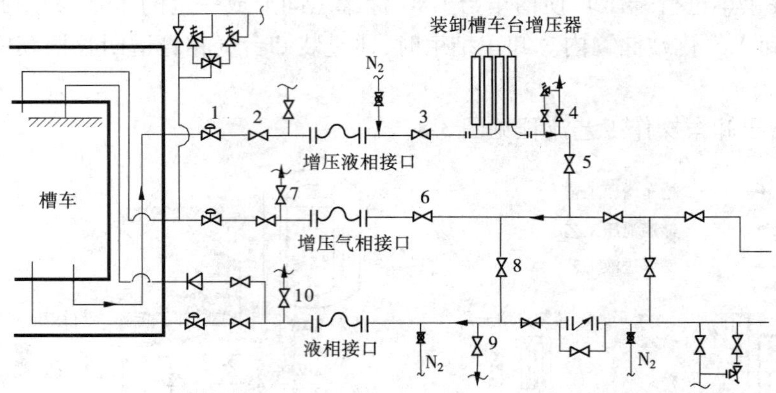

1—槽车增压液相气动阀;2—槽车增压液相操作阀;3—装卸台增压器进口阀;
4—装卸台增压器手动排空阀;5—装卸台增压器出口阀;6—装卸台增压气相出口阀;
7—槽车增压气相 EAG 放空阀;8—阀前气液连通阀(前旁通);
9—装卸台 EAG 放空总阀;10—槽车进出液 EAG 放空阀

图 3-9 利用槽车增压液相出液汽化置换氮气操作工艺流程

压力 0.2～0.3 MPa 后开启底部进液阀,进行自流卸气,整个卸气过程中驾驶员及押运员均不得离开现场。

槽车增压操作工艺流程见图 3-10。

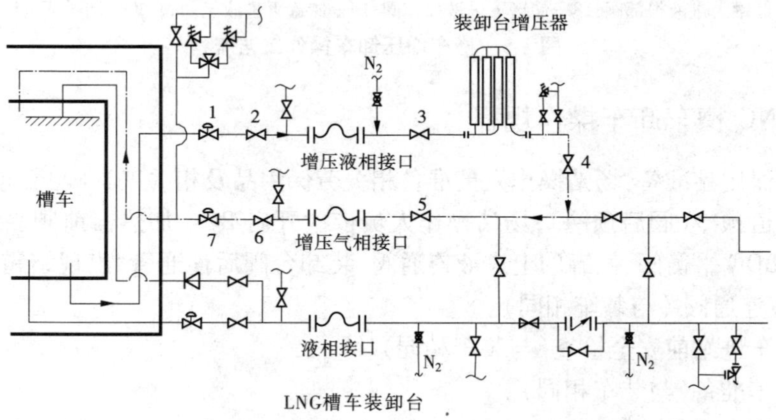

1—槽车增压液相气动阀;2—槽车增压液相操作阀;3—装卸台增压器进口阀;4—装卸台增压器出口阀;
5—装卸台增压气相出口阀;6—槽车增压气相操作阀;7—槽车增压气相气动阀

图 3-10 槽车增压操作工艺流程

(7)储罐进液。

①关闭装卸台阀后气液连通阀,依次开启储罐上进液根部阀、储罐上进液连通阀、槽车出液手动阀、装卸台进液总阀,开始进液;

②确认 LNG 由储罐上进液管进液,开启储罐下进液连通阀、储罐下进液根部阀;

③当液位升至储罐高度 $\frac{2}{3}$ 时,确认储罐上进液连通阀为开启状态,关闭储罐下进液

连通阀；

④当槽车压力急速下降时，关闭储罐下进液连通阀，开启上进液连通阀。

槽车增压卸车及储罐泄压操作工艺流程见图3-11。

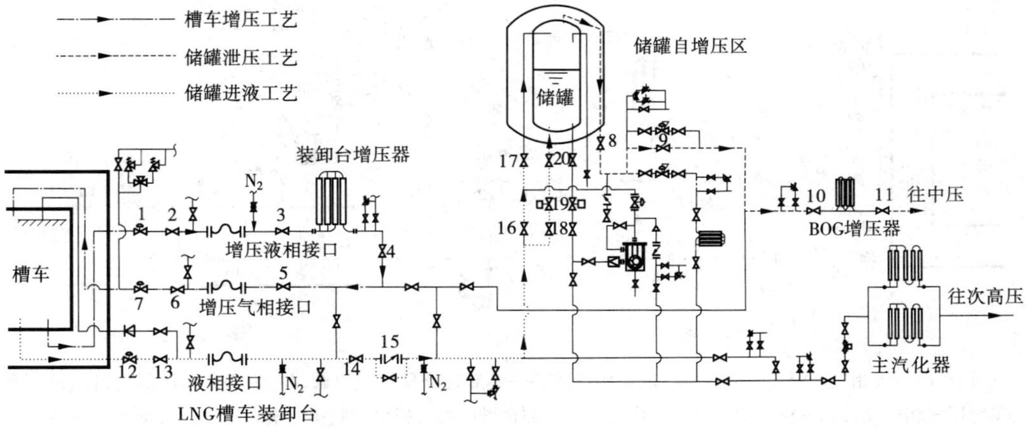

1—槽车增压气相气动阀；2—槽车增压液相操作阀；3—装卸台增压器进口阀；4—装卸台增压器出口阀；5—装卸台增压器气相出口阀；6—槽车增压气相操作阀；7—槽车增压气相气动阀；8—储罐BOG根部阀；9—储罐BOG手动泄压阀；10—BOG增压器进口阀；11—BOG增压器出口阀；12—槽车下进液气动阀；13—槽车下进液操作阀；14—装卸台进出液总阀；15—装卸台进液单向阀；16—储罐上进液操作阀；17—储罐上进液根部阀；18—储罐下进液操作阀；19—储罐下进液气动阀；20—储罐下进液根部阀

图3-11　槽车增压卸车及储罐泄压操作工艺流程

⑤当槽车压力接近储罐压力时，关闭装卸台进液阀，开启装卸台前气液连通阀，打开BOG系统阀，将槽车及装卸台前剩余液体排放到BOG系统中，待槽车压力降至0.2 MPa时，气动关闭槽车增压液相、出液、增压气相三处紧急切断阀，关闭槽车增压液相、出液、增压气相三处手动阀，关闭BOG系统阀。

槽车卸车后泄压操作工艺流程见图3-12。

⑥开启装卸台阀前气液连通阀，打开装卸台阀前手动放空阀、槽车增压气液相及进出液排空阀；确认装卸台阀全部排空后，关闭所有手动放空阀、排空阀。

槽车卸车后放散操作工艺流程见图3-13。

(8)卸车完毕。

①关闭槽车气动紧急切断阀；

②开启槽车气、液相手动放空阀；

③拆除连接装卸台与槽车的三条工艺金属软管，安装槽车管线接口盲板；

④关闭槽车气、液相手动放空阀；

⑤拆除连接装卸台与槽车的防静电接地线；

⑥移去槽车前后轮限位块；

⑦储配站操作人员对现场进行检查，确认安全后将车钥匙交给驾驶员，驾驶员方可启动车辆进行过磅，确认卸载量和签名后，以5 km/h以下的车速离开储配站。

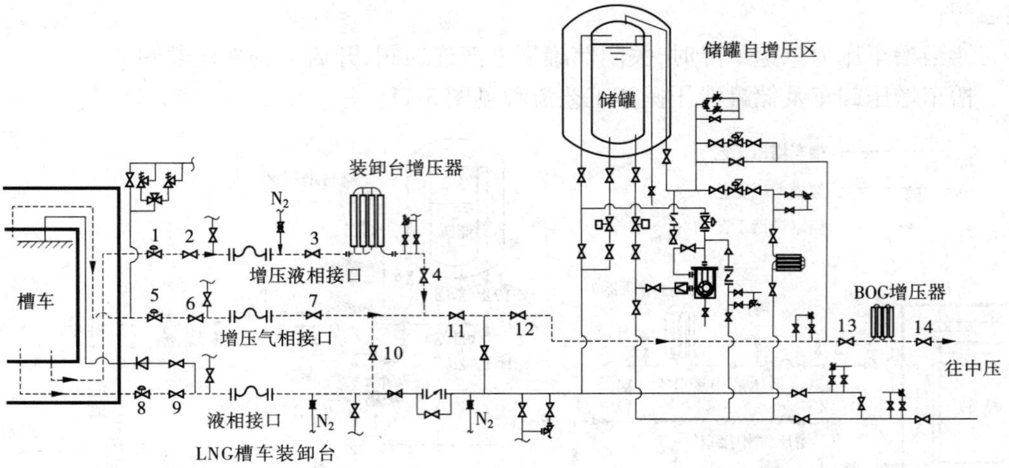

1—槽车增压气相气动阀;2—槽车增压液相操作阀;3—装卸台增压器进口阀;4—装卸台增压器出口阀;5—槽车增压气相气动阀;6—槽车增压气相操作阀;7—装卸台增压器气相出口阀;8—槽车下进液气动阀;9—槽车进出液操作阀;10—阀前气液连通阀(前旁通);11—装卸台 BOG 泄压总阀;12—装卸台 BOG 平衡阀;13—BOG 增压器进口阀;14—BOG 增压器出口阀

图 3-12　槽车卸车后泄压操作工艺流程

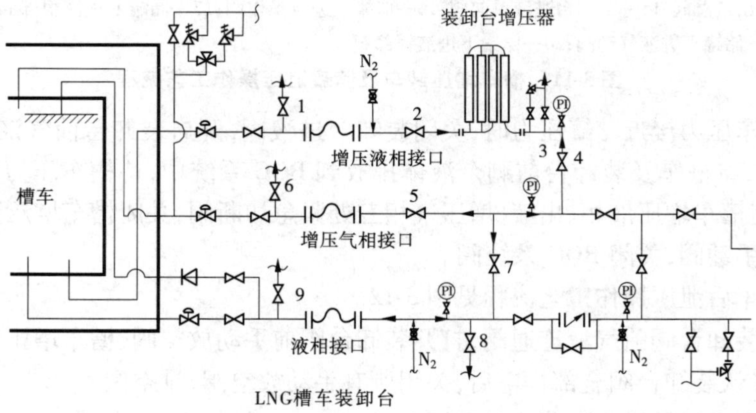

1—槽车增压气相 EAG 放空阀;2—装卸台增压器进口阀;3—装卸台增压器手动排空阀;
4—装卸台增压器出口阀;5—装卸台增压气相出口阀;6—槽车增压气相 EAG 放空阀;
7—阀前气液连通阀(前旁通);8—装卸台 BOG 放空总阀;9—槽车进出液 EAG 放空阀

图 3-13　槽车卸车后放散操作工艺流程

3.3　LNG 储罐投产前置换、预冷

3.3.1　LNG 储罐投产前置换、预冷的目的

置换是指在 LNG 储罐机械竣工后,用干燥空气或氮气将储罐内潮湿空气(氧气、水分)置换出去,是储罐预冷工作的前提条件。

预冷是指储罐在置换完成后，将储罐从常温（环境温度）冷却至设计温度（－165 ℃），满足储罐进液投产的过程。

在储罐首次储存LNG之前，应对其进行干燥和置换，以降低储罐内的露点和氧气含量，防止LNG进入储罐时与空气混合引起爆炸。

3.3.2 LNG储罐投产前置换预冷工艺、参数及操作规程

3.3.2.1 氮气置换启动前准备及检查工作

检查和测试内容：

（1）根据PID图检查装置各系统的设备、管道、阀门以及电气线路（接点）安装完成的质量；

（2）根据逻辑图、连锁说明和PID图，对仪、电的连锁和控制系统进行检查；

（3）根据仪、电控回路检查清单，对仪、电控的仪表及控制设备进行回路的检查和测试；

（4）对公用系统——氮气、仪表气、消防水和供电装置等进行试验与检查；

（5）储罐压力维持在5～15 kPa；

（6）置换所需的临时接管、阀门等已完成安装、清洁工作；

（7）确保储罐的正/负泄放系统已安装、调校并投入使用；

（8）全体工作人员已经过安全教育和技术交底；

（9）所需专用工具准备齐全；

（10）任何有窒息危险的排放氮气的位置已清楚地标明了危险标志并设有护栏。

3.3.2.2 氮气质量要求

置换中干燥的氮气将储罐内空气和罐内剩余的水分清除掉。置换用氮气要求如表3-1所示。

表3-1 置换用氮气要求

序号	名称	流量	参数
1	氮气	300～800 m^3/h	压力0.6～0.8 MPa，露点＜－60 ℃，纯度99.9%

3.3.2.3 内罐置换

（1）全开氮气进入管线上的阀门，打开储罐出口管线上的手动操作阀门。

（2）由站控室控制氮气流量300～800 m^3/h，开始速率较低，从氮气系统管线引入，经罐底部进液管进入储罐底部，置换后的氮气从罐顶接口（BOG接口）至EAG排放管线，最后至排放系统。

（3）监控储罐的压力变化，置换过程中罐内压力维持在10 kPa左右。

（4）置换过程进行24 h后，在EAG管出口处测量氧气含量和露点，每间隔12 h检测一次，直至合格。

（5）合格后，打开与储罐相连的管道吹除阀和压力表、液位计、温度计、安全阀的根部阀门（或法兰），对其相应管道进行吹扫和置换，直至合格。

（6）置换合格后，调整储罐压力至8 kPa。

3.3.2.4 储罐的置换与冷却

采用液氮 + LNG 的组合介质方式对储罐进行预冷。先用液氮把储罐冷却到 -80 ℃，再用 LNG 置换并冷却到约 -165 ℃，并积累 LNG 液位到 50 mm；在预冷过程中根据分析结果适时启动 BOG 系统，将置换出的天然气利用 BOG 系统回收，以节约天然气。

置换冷却启动前检查和测试内容如下：

(1)储罐及相关系统管线已置换达标；

(2)储罐压力维持在 5 ~ 15 kPa；

(3)置换与冷却所需的临时接管、阀门等已完成安装、清洁、置换工作；

(4)所需专用工具准备齐全；

(5)任何有窒息危险的排放氮气位置及冻伤危险的液氮、LNG 管路位置已清楚地标明了危险标志和护栏。

注：与储罐相连的管线必须在储罐置换预冷前完成置换工作；避免管道中的空气进入已经置换好的储罐。

3.3.2.5 内罐的置换冷却

1. 液氮冷却到 -80 ℃

(1)打开 LNG 管线上的阀门。

(2)打开 LNG 管线上的阀门，控制液氮以 1 m^3/h 流速通过低温管道引入，进入储罐；冷却蒸发气体(氮气)从罐顶的 BOG 回收管道，送至焚烧炉/火炬。

(3)内罐的冷却速度控制在 3 ℃/h 左右，最大不超过 5 ℃/h；罐壁或罐底上两个相邻温度测点之间的温差不大于 15 ℃，任意两个温度测点之间温差不大于 50 ℃。

(4)在冷却过程中，罐内压力控制在 8 kPa 左右。

(5)低温氮气可同时用于 BOG 回收系统的置换与冷却。

(6)当罐底温度达到 -800 ℃后，停止进液氮，转入第(2)步。

2. 液态 LNG 置换并冷却到饱和温度

(1)LNG 以 1 m^3/h 的流速通过进液管线引入，进入储罐。在开始阶段，置换、冷却后的气体包括天然气和氮气，并且罐内氮气含量较大，此时氮气和天然气混合气体从罐顶的 BOG 系统排入焚烧炉焚烧。

(2)储罐的冷却速度控制在 3 ℃/h 左右，最大不超过 5 ℃/h；罐壁或罐底上两个相邻测温点之间的温差不大于 15 ℃，任意两个温度测点之间温差不大于 50 ℃。

(3)在置换和冷却过程中，罐内压力控制在 10 kPa 左右。

(4)从 BOG 系统排出的气体可同时用于其他管线的置换与冷却。

3. 启动 BOG 系统，冷却储罐至工作温度并积液 50 mm

(1)LNG 以 1 m^3/h 的流速通过进液管线引入，进入储罐；当天然气含量比例满足 BOG 回收系统启动条件后，可启动 BOG 回收系统。继续进液，直至置换冷却过程完成。当罐底温度达到 LNG 的饱和温度附近时，注意罐内的压力控制，以防发生压力波动。

(2)储罐的冷却速度控制在 3 ℃/h 左右，最大不超过 5 ℃/h；罐壁或罐底任意两个相邻测温点之间的温差不大于 15 ℃，任意两个温度测点之间的温差不大于 50 ℃。

(3)在置换和冷却过程中，罐内压力控制在 8 kPa 左右。

3.3.2.6　置换冷却结果要求

冷却后应符合内罐积液大于 50 mm 的要求。

3.4　LNG 储罐倒罐

3.4.1　LNG 倒罐工艺、参数

出液储罐先进行增压，进液储罐降压，当出液储罐压力大于进液储罐压力 0.2 MPa 时，先开启进液储罐上进液连通阀，再打开出液储罐下进液连通阀；确认进液储罐上进液开始进液，打开进液储罐下进液连通阀；当储罐倒液结束时，先关闭进液储罐下进液连通阀，再关闭出液罐下进液连通阀。

LNG 倒罐操作工艺流程见图 3-14。

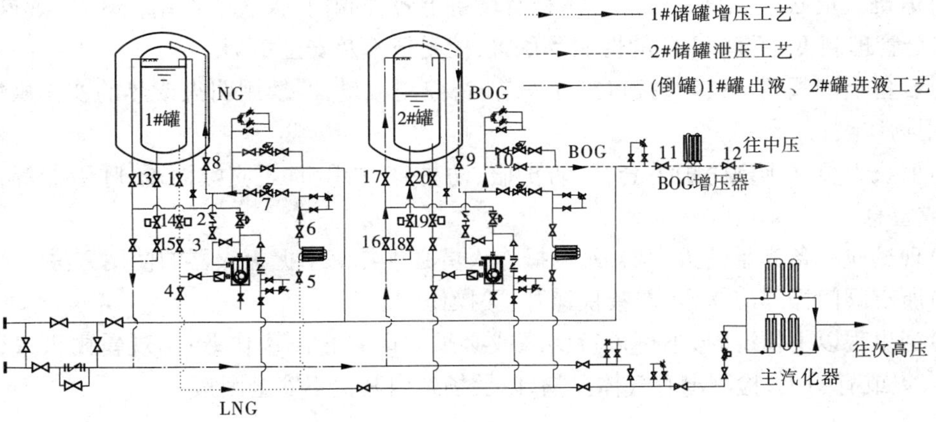

1—1#罐出液根部阀；2—1#罐出液气动阀；3—1#罐出液操作阀 1；4—1#罐出液操作阀 2；5—1#罐增压器进口阀；6—1#罐增压器出口阀；7—1#罐自力式增压阀；8—1#罐 BOG 根部阀；9—2#罐 BOG 根部阀；10—2#罐 BOG 手动泄压阀；11—BOG 增压进口阀；12—BOG 增压出口阀；13—1#罐下进液根部阀；14—1#罐下进液气动阀；15—1#罐下进液操作阀；16—2#罐上进液操作阀；17—2#罐上进液根部阀；18—2#罐下进液操作阀；19—2#罐下进液气动阀；20—2#罐下进液根部阀

图 3-14　LNG 倒罐操作工艺流程

3.4.2　LNG 倒罐操作作业规程

3.4.2.1　操作方法

(1)现场确认储罐 BOG 管线所有阀门处于启闭状态(按常开常关阀门清单)，关闭气液连通阀门，打开 1#储罐增压器进、出口阀门。

(2)检查氮气系统处于良好运行状态。

(3)关闭 BOG 阀门，打开 2#储罐上进液操作阀和装卸台液相总阀后气液相连通阀、BOG 平衡阀，进行管道预冷，待液相和气相管道压力相同后预冷 15 min，关闭上进液操作阀和装卸台液相总阀后气液相连通阀、BOG 平衡阀，打开 1#储罐 BOG 增压阀，预冷结束。

(4)缓慢打开1#储罐出液操作阀,将储罐增压至0.5~0.6 MPa。

(5)开启进液储罐BOG泄压阀,将进液储罐降压至0.3 MPa左右。

(6)开启进液储罐上进液操作阀和出液储罐下进液操作阀,观察进液储罐压力变化,保持出液储罐压力在0.5~0.6 MPa。

(7)当储罐倒罐达到要求(储罐液位不低于750 mm,不高于9 000 mm)后,关闭出液储罐下进液操作阀和增压器进出口阀、进液储罐上进液操作阀、进液罐BOG泄压阀,开启出液储罐BOG泄压阀,降低出液储罐内压力至0.4 MPa,关闭出液储罐BOG泄压阀。打开装卸台液相总阀后气液相连通阀。

(8)记录出液、进液储罐的液位和压力。

3.4.2.2 注意事项

(1)倒罐过程中,操作人员不得离开现场,必须巡查各连接部位的泄漏情况,密切观察储罐的压力、液位变化情况,确保安全。

(2)值班人员必须充分了解工艺流程及设备上各种阀门、仪表的作用,熟练掌握操作规程、安全管理制度,了解LNG的性能及危害,接受技术及安全培训。

(3)设备上的阀门、管口及接口等处冻结时,控制流量,严禁用明火或热的物体烘烤,也不得用物体敲打。

(4)值班人员必须戴防护手套,穿防护服、防护鞋,抢险时还应戴面罩、呼吸器等,以防冻伤或窒息。

(5)现场应配备充足的灭火器,站内操作人员必须熟练掌握灭火器的使用方法。

(6)所有阀门操作应缓慢,严禁快速开、关操作。

(7)当出现以下情况时,不得进行倒罐或必须立即终止倒罐作业:出现雷雨天气,附近发生火灾或有明火,检测出有气体泄漏,以及场站内其他不安全因素。

3.5 LNG钢瓶充装

3.5.1 LNG钢瓶充装工艺、参数

LNG钢瓶是一种低温绝热压力容器,设计有双层(真空)结构。内胆用来储存LNG,在其外壁缠有多层绝热材料,具有超强的隔热性,同时夹套(两层容器之间的空间)被抽成高真空,共同形成良好的绝热系统,外壳和支撑系统的设计能够承受运输车辆在行驶时所产生的相关外力。内胆设计有双安全阀,在超压时起到保护气瓶的作用。如果气瓶内胆发生泄漏(导致夹套压力升高),真空塞将打开泄压,万一真空塞发生泄漏将导致真空破坏,这时可以发现外壳出现“发汗”结霜现象。

LNG钢瓶充装与装车相似,需要先对钢瓶进行检查,合格的钢瓶才能进行充装。充装前先对软管进行吹扫,对液相管道进行预冷,把钢瓶内压力降至0.2 MPa以下,将储罐压力升至0.5 MPa以上,形成0.2~0.3 MPa的压力,以便于充装。

LNG钢瓶充装操作工艺流程见图3-15。

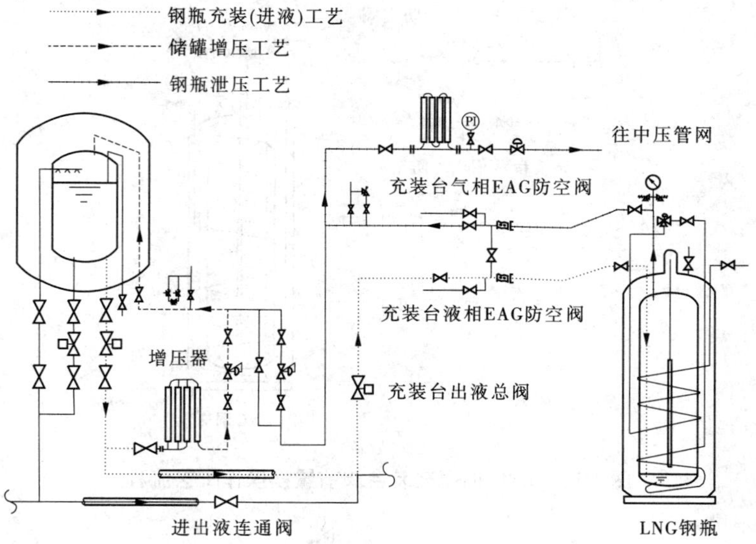

图 3-15　LNG 钢瓶充装操作工艺流程

3.5.2　LNG 钢瓶充装操作规程

3.5.2.1　准备劳保用品

LNG 钢瓶充装的劳保用品及工具准备与装卸车的相同。

3.5.2.2　复式钢瓶外观检查

钢瓶充装前必须进行检查,任何一项不合格就不准充装;铭牌、检验合格的钢印齐全、清晰;在检验周期内,钢瓶外表无异常,钢瓶附件齐全。

3.5.2.3　空瓶称重

记录空瓶质量,调整称至额定充装量。

3.5.2.4　充装台阀前置换

(1)连接 LNG 钢瓶与充装台防静电连线,连接气、液相金属软管;

(2)开启 LNG 钢瓶下进液阀,打开充装台液相管线放空阀,5 s 后关闭;

(3)开启 LNG 钢瓶上进液阀、钢瓶气相阀、充装台阀前气液连通阀,打开充装台气相管放空阀,5 s 后关闭。

LNG 钢瓶充装台阀前置换操作工艺流程见图 3-16。

3.5.2.5　钢瓶预冷

(1)依次开启 LNG 钢瓶下进液阀、充装台液相阀、充装台出液总阀、储罐上进液至进出液总管连通阀、储罐上进液根部阀。

(2)当 LNG 钢瓶压力达到 0.3 MPa 时,依次开启 LNG 钢瓶上进液阀、充装台气相阀、充装台气相总阀、BOG 加热器进口阀。

(3)当充装台气相管结霜时,关闭储罐上进液至进出液总管连通阀。

LNG 钢瓶预冷操作工艺流程见图 3-17。

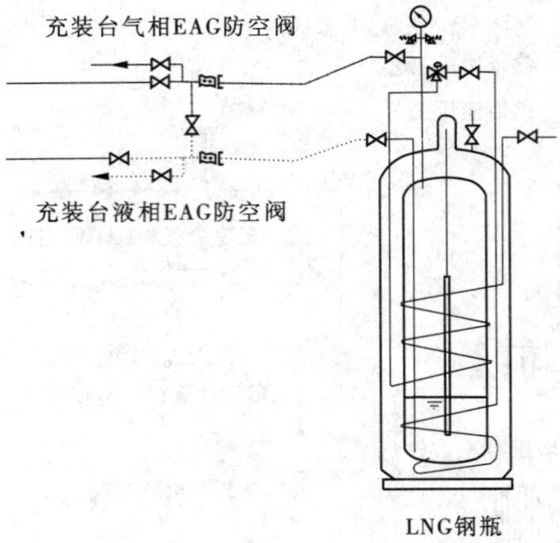

图 3-16　LNG 钢瓶充装台阀前置换操作工艺流程

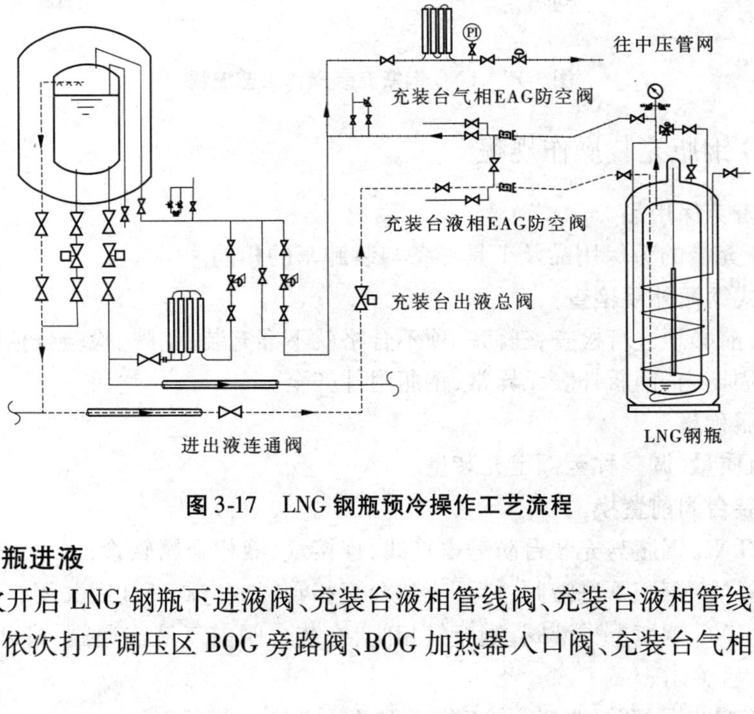

图 3-17　LNG 钢瓶预冷操作工艺流程

3.5.2.6　钢瓶进液

(1)依次开启 LNG 钢瓶下进液阀、充装台液相管线阀、充装台液相管线总阀、储罐下进液连通阀;依次打开调压区 BOG 旁路阀、BOG 加热器入口阀、充装台气相总阀、充装台气相管线阀。

(2)当 LNG 钢瓶充装量达到 150 kg(410 L 钢瓶)或 90% 时,关闭 LNG 钢瓶下进液阀、充装台液相管线阀,打开充装台进液管线放空阀。

(3)当 LNG 钢瓶压力降至 0.3 MPa 时,关闭 LNG 钢瓶上进液阀、充装台气相管线阀,打开充装台气相管线放空阀。

LNG 钢瓶充装(进液)操作工艺流程见图 3-18。

LNG 钢瓶充装台放空操作工艺流程见图 3-19。

3.5.2.7　充装完毕

储罐停止增压,关闭充装台气液管线放空阀;关闭调压区 BOG 旁路阀,关闭储罐下进

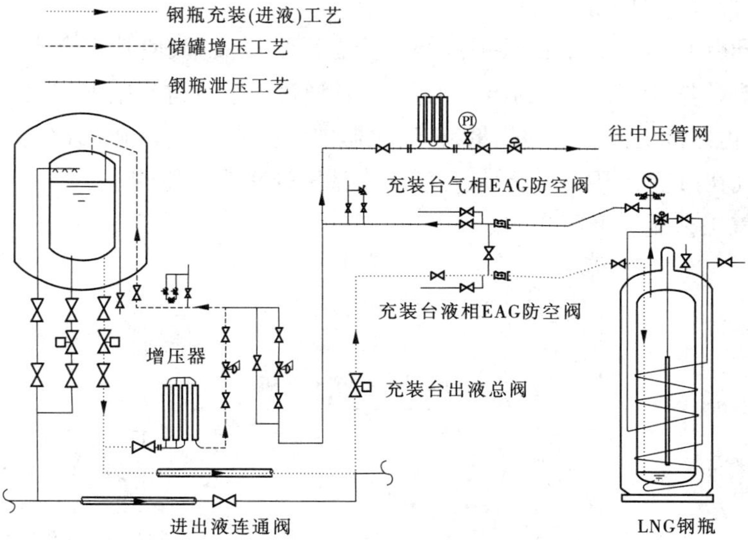

图 3-18　LNG 钢瓶充装(进液)操作工艺流程

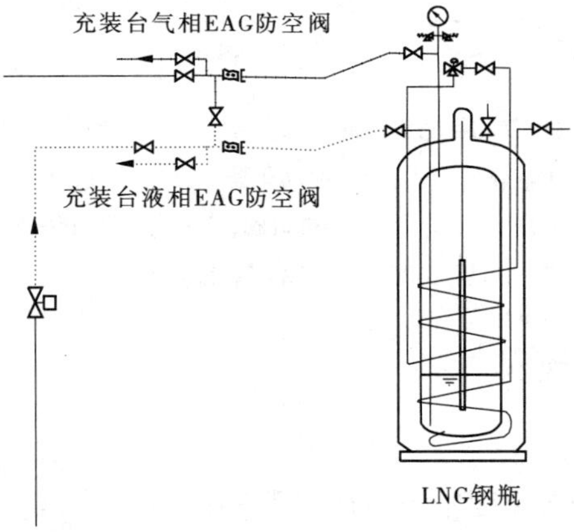

图 3-19　LNG 钢瓶充装台放空操作工艺流程

液至进液总管连通阀,打开装卸台进液阀后气液连通阀;拆除 LNG 钢瓶气、液相金属软管,拆除 LNG 钢瓶与充装台防静电连线。

3.6　LNG 供气

3.6.1　LNG 供气工艺、参数

LNG 是天然气(主要成分是甲烷)低温液化后的液体,供气前需要加热汽化,一般情况下如果用气量不大,直接把 LNG 通入空温汽化器,使 LNG 汽化,如果汽化量大,则需要加水浴汽化器辅助加热,当汽化后的气体温度接近环境温度后就可以供气了。在 LNG 管路到汽化器之间有一个低温调压器,当汽化压力达到调节压力时,调压器就会自动切断

LNG 的供应，以到达调压的目的。

供气前开启 LNG 储罐的出液根部阀和低温烃泵进液阀，使其完全进入低温烃泵，再通过启动低温烃泵，提高 LNG 的出口压力，将其通过出液管进入空温式汽化器，LNG 进入汽化器后，汽化器接受大气中的热量，将汽化器中低温的 LNG 汽化成常温气态的天然气；常温的天然气在过滤、调压、计量、加臭后送出站区外次高压管网。

LNG 供气工艺流程见图 3-20。

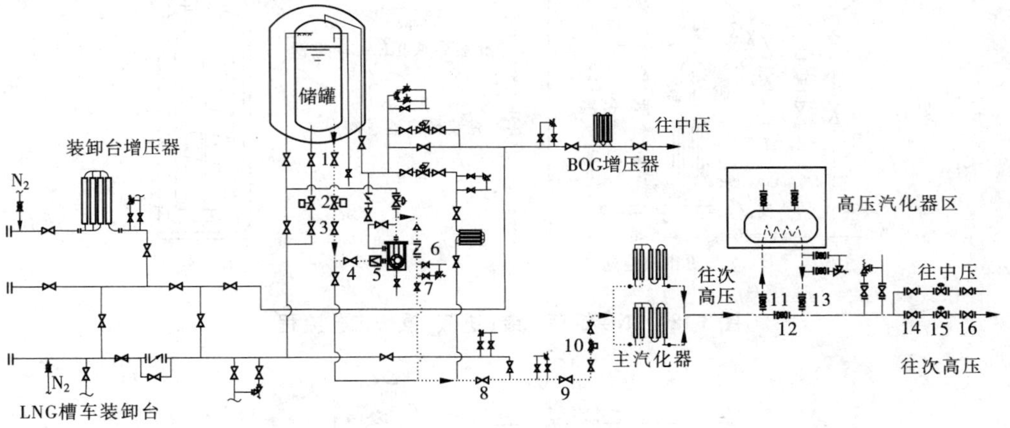

1—储罐出液根部阀；2—储罐出液气动阀；3—储罐出液操作阀；4—高压泵进口阀；5—补偿器；6—泵出口单向阀；7—高压泵出口阀；8—出液连通阀；9—主汽化进口阀；10—主汽化器支路气动阀；11—水浴式复热器进口阀；12—主汽化器出口阀；13—水浴式复热器出口阀；14—次高压调压撬进口阀；15—调压器；16—次高压调压撬出口阀

图 3-20 LNG 供气工艺流程

3.6.2 LNG 供气操作规程

3.6.2.1 调度令确认

LNG 场站当班负责人与调度中心调度员明确调度气量、供停气时间等供气操作细节（供气操作严格按调度令执行，若遇特殊原因不能按时完成，需联系调度中心，得到批准后方可更改调度令）。

3.6.2.2 供气准备

1. 应急工具及防护设施准备

（1）操作现场必须配备标准配置的应急工具，如扳手（常用型号有梅花扳手、活动扳手）、气体浓度检测仪、整套低温防护服等。

（2）操作人员必须穿戴安全帽、防寒护膝、护目镜等防护用品。

2. 供气前工艺状态复核

设专人复核工艺状态，确保管线阀门状态正确及储罐液位、压力满足供气条件（液位高于 3 m，储罐压力在 0.4 MPa 以下）。

3. 低温设备及附属管线预冷

微开低温烃泵进口阀，让储罐内的 LNG 流入烃泵真空绝热腔内，使泵体完全浸没在低温液体中，当回气温度达到 -120 ℃、回气管表面结霜时预冷完成。

LNG 低温烃泵预冷操作工艺流程见图 3-21。LNG 低温烃泵预冷前后参照见图 3-22。

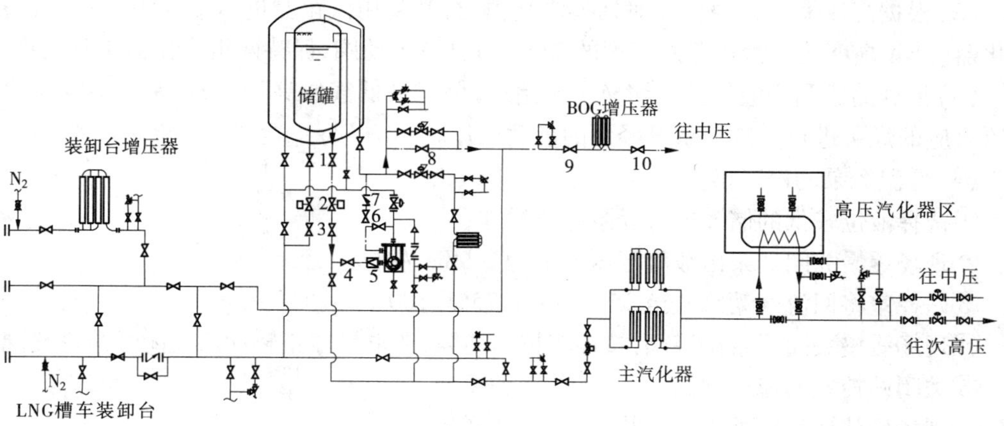

1—储罐出液根部阀；2—储罐出液气动阀；3—储罐出液操作阀；4—高压泵进口阀；5—补偿器；6—高压泵出口阀；7—泵出口单向阀；8—储罐 BOG 手动泄压阀；9—BOG 增压器进口阀；10—BOG 增压器出口阀

图 3-21　LNG 低温烃泵预冷操作工艺流程

图 3-22　LNG 低温烃泵预冷前后参照

3.6.2.3　供气开始

低温烃泵的启动如下：

（1）当操作面板绿色指示灯亮时，站控室将烃泵的控制方式切换到就地（local），在向调度中心报告准备出液后送出允许启动烃泵信号。

（2）现场关闭烃泵出液连通阀，站控室开启回流气动阀至 100%，现场确认储罐出液根部阀为全开状态，完全开启烃泵进液连通阀，按就地启动按钮启动烃泵。

（3）现场确认烃泵运转平稳，声音均匀无杂音，密封点无泄漏，当压差表差值稳定在 1.8～2.0 MPa 时，缓慢开启烃泵出口阀门，同时站控室缓慢关闭回流阀，保证压差大于 1.5 MPa。

3.6.2.4 持续供气

(1)根据高压撬出站流量设定加臭机加臭量,供气期间要确认加臭机正常工作。

(2)根据高压撬进口温度及时切换汽化器,打开备用汽化器进口手动阀,关闭结霜的汽化器(结霜高度达到汽化器总高度的2/3处)进口手动阀,保持两组汽化器正常工作。

(3)根据储罐剩余液位及时切换出液储罐,保证最低液位高于3 m,为液位较高的储罐所对应的烃泵进行预冷后重复烃泵的启动操作。

(4)低温烃泵的停车操作:

①选择液位较低的储罐进行烃泵停车操作;

②现场缓慢关闭烃泵出液阀至压差值为2 MPa左右;

③站控室将回流气动阀开至25%、50%、75%、100%;

④现场缓慢关闭烃泵出液阀,按停车按钮停泵,待电机停止转动后关闭烃泵进液阀;

⑤关闭站控室回流气动阀;

⑥现场确认回气阀处于开启状态,微开烃泵的出液阀;

⑦站控室详细填写烃泵运行记录。

LNG低温烃泵供气操作工艺流程见图3-23。

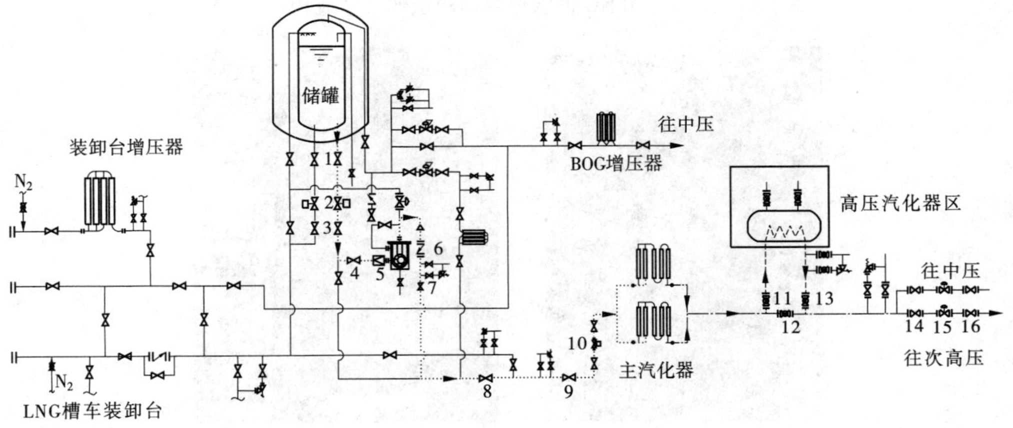

1—储罐出液根部阀;2—储罐出液气动阀;3—储罐出液操作阀;4—高压泵进口阀;5—补偿器;6—泵出口单向阀;7—高压泵出口阀;8—出液连通阀;9—主汽化进口阀;10—主汽化器支路气动阀;11—水浴式复热器进口阀;12—主汽化器出口阀;13—水浴式复热器出口阀;14—次高压调压撬进口阀;15—调压器;16—次高压调压撬出口阀

图3-23 LNG低温烃泵供气操作工艺流程

3.6.2.5 供气结束

(1)距离调度总气量还差5 t时,及时通知调度中心和相关场站。根据调度中心要求陆续关停液位较低储罐对应的烃泵。

(2)恢复现场工艺管线阀门和配电柜开关至正常工艺状态,填写运行记录,复核高压出液吨位和累计流量。

(3)供气期间,操作人员不可离开现场,站控室要注意供气监护,重点注意储罐压力和液位、烃泵进出口压差和回气温度、汽化器进口和高压撬进出口温度等工艺关键点。

3.6.2.6　调度令的回复

详细向调度中心回复供气数据，明确实际供气量、储罐储量。

3.7　LNG 储罐安全泄放系统

3.7.1　BOG 的产生

LNG 送入真空绝热储罐后，外界传入的能量仍能引起 LNG 的蒸发，这部分称为 BOG，BOG 将引起储罐压力上升，严重者导致储罐破裂，所以当储罐压力过高时，将通过 BOG 管路和 BOG 加热器回收进入管网。LNG 储罐有一个极低的日蒸发率，一般≤0.3%。

3.7.2　BOG 及 EAG 系统

当储罐压力上升到减压调节阀设定开启值时，减压调节阀自动打开，泄放气态天然气；当减压调节阀失灵，罐内压力继续上升，达到压力报警值时，压力报警器报警，手动放散卸压；当减压调节阀失灵且手动放散未开启时，安全阀起跳卸压，保证 LNG 储罐的运行安全。

为使 LNG 储罐安全，防止超压，确保稳定、可靠供气，设置了三级安全保障系统，即 BOG 自力式增压调节阀—BOG 自力式降压调节阀—安全阀。

LNG 储罐 BOG 系统及 EAG 系统操作工艺流程见图 3-24。

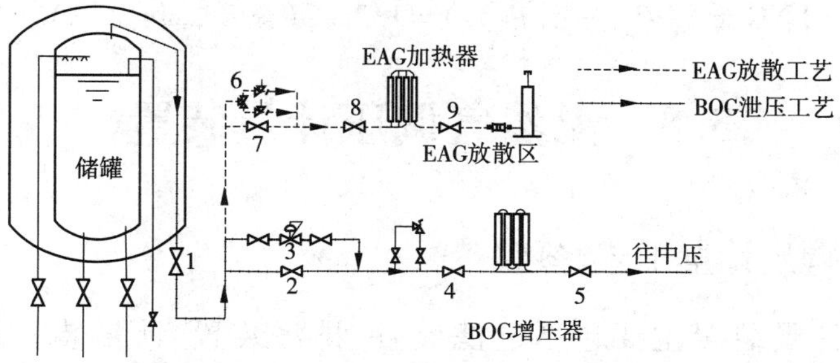

1—储罐 BOG 根部阀；2—BOG 手动泄压阀；3—BOG 自力式减压阀；
4—BOG 增压器进口阀；5—BOG 增压器出口阀；6—EAG 安全阀；
7—EAG 手动放散阀；8—EAG 加热器进口阀；9—EAG 加热器进口阀

图 3-24　LNG 储罐 BOG 系统及 EAG 系统操作工艺流程

LNG 储罐增压及安全泄放系统工艺流程如图 3-25 所示。

3.7.3　储罐各种压力设定值之间的关系

储罐各种压力设定值之间的关系（建议）为

$$自动增压开启压力 \times (1+15\%) = 自动增压关闭压力$$

$$自动减压阀关闭压力 = 85\% \times 自动减压阀开启压力$$

$$自动增压关闭压力 = 自动减压开启压力 - 0.1\ \text{MPa}$$

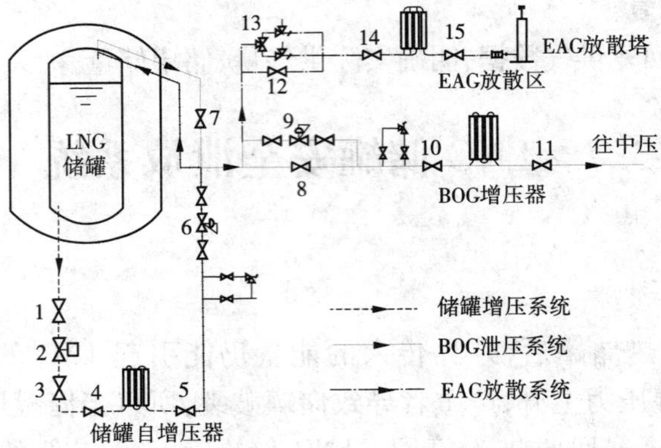

1—储罐出液根部阀；2—储罐出液气动阀；3—储罐出液操作阀；4—储罐自增压器进口阀；
5—储罐自增压器出口阀；6—储罐自增压阀；7—BOG 根部阀；8—BOG 手动泄压阀；
9—BOG 自力式减压阀；10—BOG 增压器进口阀；11—BOG 增压器出口阀；12—EAG 手动放散阀；
13—EAG 安全阀；14—EAG 加热器进口阀；15—EAG 加热器出口阀

图 3-25　LNG 储罐增压及安全泄放系统工艺流程

安全阀回座压力 = 85% × 安全阀开启压力

自动减压开启压力 = 安全阀开启压力 × 95%

储罐报警压力 = (自动减压阀开启压力 + 安全阀开启压力) × 50%

安全阀开启压力 = 最高工作压力

安全阀排放压力 = 1.1 × 安全阀开启压力

LNG 储罐 P_s(设计压力) = 1.2 P_w(最高工作压力)

3.8　天然气调压计量装置

3.8.1　天然气调压计量工艺、参数

天然气调压计量装置主要包括过滤装置、排污装置、计量装置及调压装置，见图 3-26。

(1)过滤装置：过滤来自 LNG 汽化器汽化后的天然气，过滤掉管道内的杂质，为调压计量装置提供一个较好的工作环境；当过滤器的前后压差达到 450 mbar(1 mbar = 100 Pa)时，必须进行清洗或更换滤芯。

(2)排污装置：将管道或过滤器内的水等液体杂质进行排污，能有效降低过滤器或管道内的含水量，排污装置至少每个月排污 1 次。

(3)计量装置：实际上是对天然气流量的测量，是在天然气流动过程中间接测量的，测量的准确度取决于整套测量系统的设计、建设、操作和维护等全过程的质量。为了保证计量系统按统一的技术要求进行全面质量管理，保证天然气计量的准确度，制定科学合理的天然气计量标准是非常必要的。

(4)调压装置：主要根据需求将压力由 2.5 ~ 3.0 MPa 降至 1.5 MPa，并保持压力在该

范围内稳定，若其中一个调压器失效，可以进行自动切换，保证安全稳定供气。

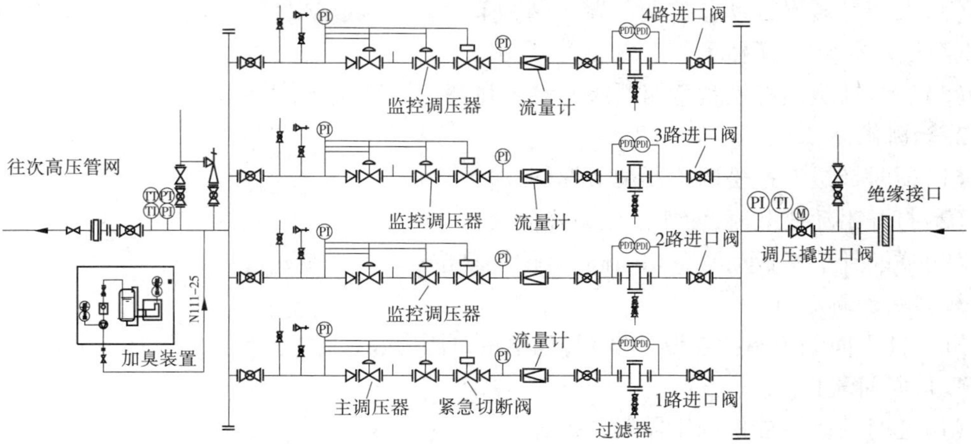

图3-26 天然气调压计量装置

3.8.2 天然气调压系统操作规程

3.8.2.1 作业前准备

(1)根据调度令确认供气时间。

(2)准备好劳保用品和专用工具，包括防静电工作服、工作鞋、安全帽、护目镜、手套、防爆扳手、可燃气体浓度检测仪、肥皂水、消防设施、警示牌等。

(3)检查场站压力、流量等参数是否正常。

3.8.2.2 通气置换操作

(1)检查场站阀门状态是否在规定状态(调压装置进、出站阀门、手动放散阀、安全微量放散阀根部阀处于关闭状态)。

(2)将主调压器调节螺杆拧至全紧状态，监控调压器调节螺杆拧至全松状态，切断阀调节螺母拧至全紧状态。

(3)缓慢打开进站电动球阀，观察压力变化。

(4)缓慢打开过滤器前、后球阀，观察过滤器进出口压差变化是否达到450 mbar。

(5)缓慢打开一级调压区主路进口球阀，观察压力变化。

(6)缓慢扳动紧急切断阀复位杆，观察压力变化，使调压路通气。

(7)打开手动放散阀，对调压区域进行置换。

(8)关闭手动放散阀。

(9)对各静密封点进行检漏。

(10)通气置换完成。

3.8.2.3 紧急切断阀切断压力设定

1. 紧急切断阀压力调节

(1)静态调节，确认手动放散阀处于关闭状态。

(2)确认紧急切断阀调节螺杆拧至全紧状态。

(3)确认调压器调节螺杆处于全松状态。

(4)顺时针缓慢旋动监控调压器导阀调节螺杆,并观察出口压力表,缓慢提高导阀压力,直至规定的设定值附近。

(5)逆时针缓慢拧松紧急切断阀的设定弹簧,直至切断阀切断。

2. 切断阀复位

(1)逆时针缓慢拧松调压器调节螺杆。

(2)打开手动放散阀,使切断压力降低。

(3)逆时针缓慢扳动紧急切断阀,复位杆复位。

3. 复核切断压力

顺时针方向调节指挥器调节螺杆,观察出口压力表,压力接近切断压力时切断。

4. 切断阀复位

(1)逆时针缓慢拧松调压器调节螺杆。

(2)打开手动放散阀,使切断压力降低。

(3)逆时针缓慢扳动紧急切断阀,复位杆复位。

5. 复核切断压力

顺时针方向调节指挥器调节螺杆,观察出口压力表,压力接近切断压力时切断。

6. 切断试验

往复试验2次,紧急切断阀设定压力设定完毕。

3.8.2.4 安全微量放散阀开启压力的设定

(1)安全微量放散阀开启压力的调节:

①顺时针方向将微量放散阀调节弹簧拧至全紧状态;

②打开微量放散阀根部阀;

③顺时针方向缓慢调节指挥器导阀调节螺杆,并观察出口压力表,缓慢调节微量放散阀至预定压力值;

④逆时针方向缓慢将微量放散阀调节弹簧拧松,直至放散阀开启放散。

(2)安全微量放散阀开启压力的复核:

①逆时针缓慢拧松调压器调节螺杆;

②顺时针方向缓慢调节指挥器导阀调节螺杆,并观察出口压力表,缓慢调节微量放散阀至预定压力值,直至放散阀开启放散。

(3)往复2次以上(顺时针旋转调整螺钉可提高压力,降低压力则需逆时针旋转调整螺钉)。

(4)放散阀放散压力值设定完毕,将调节螺杆拧至全松。

3.8.2.5 加速器的压力设定

缓慢拧松主调压器导阀的设定弹簧,直至调压器后压力表读数为加速器压力值,然后逐渐拧松加速器的弹簧,直至听到加速器放散口放散的声音,加速器设定完成。

3.8.2.6 监控调压器的设定

缓慢拧紧监控调压器导阀底部螺钉,并观察出口压力表,缓慢提高导阀压力,至监控调压器的设定值;静态调整后需利用手动放散阀进行动态微调。

3.8.2.7　主调压器的设定

(1)顺时针缓慢拧紧主调压器导阀底部螺钉,并观察出口压力表,缓慢地提高导阀压力,直至出口压力的设定值;设定值应略低于此时下游管网压力值。

(2)缓慢打开调压路出口球阀,缓慢升高主调压器的设定参数,直至该调压路稳定供气,调压系统设定完成。

(3)检查压力、流量等参数是否正常。

(4)对各静密封点进行检漏并悬挂警示牌。

3.8.2.8　完成供气操

完成供气操作后,填写运行记录表并向相关人员进行汇报。

3.9　天然气加臭系统

3.9.1　天然气加臭系统工艺、参数

天然气具有无色无味和易燃易爆的特性,因此当发生天然气漏气时,为易于被人们发觉,进而消除漏气,要求对没有臭味的天然气加臭。它是一项重要的安全措施,能及时发现并防止事故发生,以确保人民生命和财产安全。天然气加臭系统是通过加臭泵,将加臭剂罐内的臭剂注入天然气管道的,其加臭量是根据管道内的天然气流量确定的。

常用的加臭剂为四氢噻吩(C_4H_8S、THT)、乙硫醇(C_2H_5SH)。

加臭系统工艺流程见图 3-27。

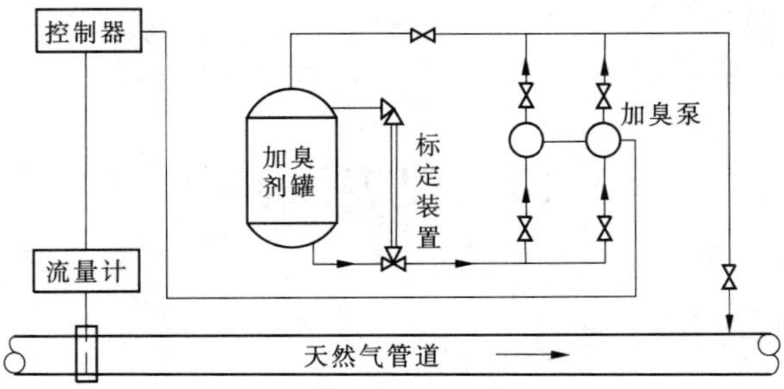

图 3-27　加臭系统工艺流程

参数:

(1)标准加臭量:20 ~ 25 mg/m^3;

(2)单次注射量:50 ~ 500 mg;

(3)燃气流量:m^3/min,m^3/h,m^3/d;

(4)注射频率(次/min):$n = \dfrac{\text{燃气流量}(m^3/min) \times \text{标准加臭量}(20 \sim 25\ mg/m^3)}{\text{单次注射量}(50 \sim 500\ mg)}$。

3.9.2　天然气加臭操作规程

3.9.2.1　开机前的准备

(1)认真阅读系统的使用说明书及操作规程。

(2)检查全系统有无泄漏。

(3)检查电缆连接是否正确。

3.9.2.2 开机步骤

(1)关闭通往燃气管道的阀门,开启回流阀。

(2)打开加臭泵防爆开关,开启进出口阀门,使泵进入工作状态。

(3)打开控制器,如无自动信号,则根据管道流量,计算出工作频率,手动给定(控制器的操作详见控制器使用说明书)。

(4)打开进油口螺栓,排出空气,补满机油,再将螺栓拧紧。

(5)回流 10 min,如无异常,再关闭回流阀,开启通往燃气管道的阀门,进行加臭工作。

3.9.2.3 加入量的调整方法(调行程)

拧开排气阀,然后关闭液面计底阀。拉起行程调整提拉环,拨动行程调整螺母(逆时针调整量程变大,反之变小)至合适位置锁紧。拧紧排气阀。正常工作时,检查液面计的刻度变化是否与调整的数值相同,如有差别,按上述方法重新调整。

3.9.2.4 正常停机

(1)关闭控制器及总电源。

(2)关闭防爆开关。

(3)关闭管路上所有阀门。

3.9.2.5 紧急停机

(1)关闭防爆开关。

(2)关闭泄漏点前后阀门。

(3)关闭通往燃气管道的阀门。

3.10 仪表风系统

3.10.1 仪表风系统工艺、参数

仪表风系统:又称气动控制系统,以压缩空气作为动力风源,用来驱动所有气动阀门,从而达到自动控制阀门开和关为目的的系统。

仪表风系统主要包括前置过滤器、空气压缩机、气液分离器、后置过滤器、干燥器、阀门管道、气动执行器、控制柜等。

空气压缩机:利用空气压缩原理制成超过大气压力的压缩空气的机械,见图 3-28。

冷冻式干燥机:滤除从空压机过来的含有水分的压缩气体,并降低压缩空气的温度,使其不会对气动阀门的汽缸和密封件产生影响,见图 3-29。

缓冲罐:在就地仪表柜的下方,主要作用是对压缩空气进行缓冲,在用气量大时,仪表风压力不至于波动太大,见图 3-30。

吹扫枪:利用仪表风的压缩空气,在加液时对加液枪和加液座进行吹扫,防止冰或异物损坏加液枪的密封圈,见图 3-31。

图 3-28　空气压缩机

图 3-29　冷冻式干燥机

图 3-30　缓冲罐

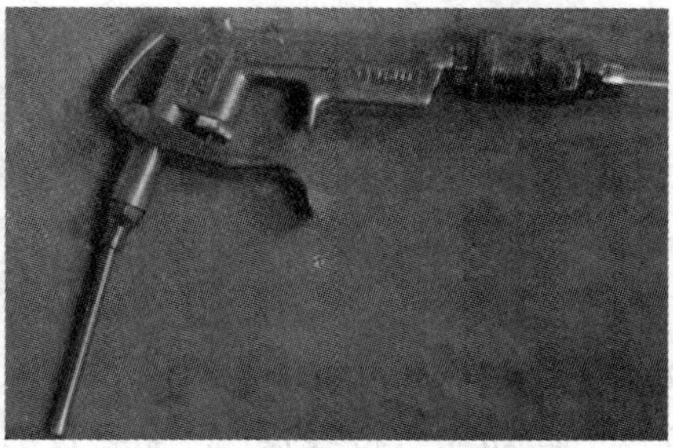

图 3-31　吹扫枪

电磁阀:是控制元件,主要用来控制汽缸。电磁阀分为气动、液压两种,工作方式都是一样的,只是介质不一样。其原理就是:一个线圈,中间一根铁芯,线圈的电铁芯被吸合,铁芯带动阀体,阀体动作后介质(液体、气体)通过,实现机械动作,见图 3-32。

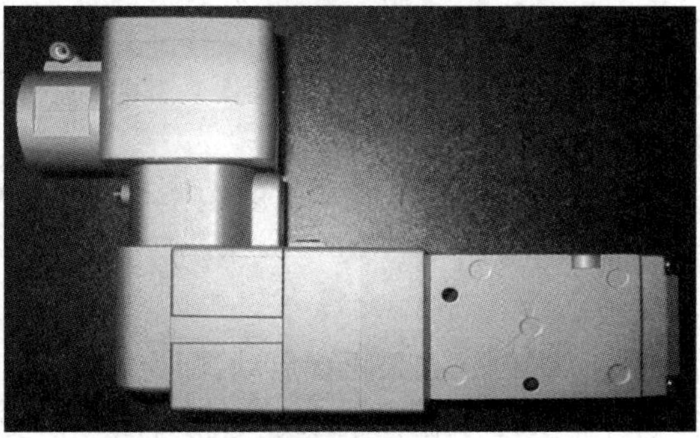

图 3-32　电磁阀

仪表风系统的引进,主要是为了避免 LNG 在日常运作过程中因突然停电,设备突然故障等引发工艺失控,造成事故。在仪表风系统中,LNG 控制阀门的控制都是以气动开启的紧急切断阀进行控制的,其工艺流程如图 3-33 所示。

3.10.2　仪表风系统操作规程

3.10.2.1　启动前的检查

(1)检查电压是否在 360 ~ 420 V AC。

(2)检查空气过滤器和压缩机进口过滤器,确保无堵塞。

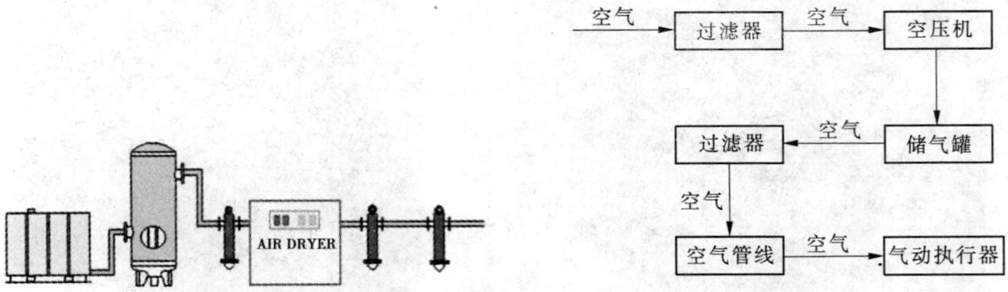

图 3-33　仪表风系统工艺流程

(3)检查前置过滤器、后置过滤器的旁通阀是否关闭,进出口阀是否开启,排污阀是否关闭。

(4)检查 PIC 控制盘是否上电,电压是否为 240 V DC。

(5)盘车 3 ~5 圈,看转动是否灵活,有无杂音。

(6)检查润滑油位是否在标准线之内,油品质量是否合格。

(7)检查循环水泵及空冷器风扇是否上电,开关是否在 AUTO 状态。

(8)检查循环冷却液是否灌满。

3.10.2.2　**启动和运行操作(以 A 号仪表风为例)**

(1)合闸送电,POWER ON 指示灯亮。

(2)在压缩机控制面板上选择 REMOTE 方式。

(3)在 PIC 控制面板上选择 A LEAD 方式,触发 RESET 按钮。

(4)油泵立即启动,OIL PUMP RUN 灯亮。

5 s 后风扇启动,FAN RUN 灯亮。

10 s 后空压机启动,COMPRESSOR RUN 灯亮。

(5)空压机自动加载,LOAD 灯亮。

此时观察压力表,控制压力表升至 0. 73 ~0. 8 MPa,按下 MAN UNLOAD 按钮,此时 MAN UNWALA 指示灯亮,而 LOAD 灯灭。

(6)几项说明(控制面板):

①MAN UNLOAD:按一下为卸载,如果再次启动,即为加载。

②LAMP TEST:按一下,显示所有指示灯的现状,松开后即恢复正常。

③BELL CANCEL:消除报警,取消当时错误报警指示。

④RESET:复位按钮逻辑复位,使机器逻辑恢复到逻辑初状态。如果故障已排除,复位后可正常启动。

⑤STANDBY:备用状态。

⑥HI 1ST STAGE TEMP:一级排气温度高。

⑦HI 2ND STAGE TEMP:二级排气温度高。

⑧HI 2ND SUCT TEMP:二级中间冷却器排气温度高。

⑨HI OIL TEMP:油温过高。

⑩LO OIL PRESSURE:油压过低。

⑪MOTOR OVER LOAD:马达过载。

⑫HI CABINET TEMP:机柜温度过高。

(7)观察表 3-2 中读数是否在正常范围之内。

表 3-2　仪表风系统工作参数

一段出口压力(MPa)	0.186~0.261
二段出口压力(MPa)	0.275~0.918
油压(MPa)	0.172~0.240
二段入口温度(℃)	8~46
二段出口温度(℃)	188~210
润滑油温度(℃)	37~60
一段出口温度(℃)	171~185

3.10.2.3　仪表风停车

(1)在 PLC 触发 SHUT DOWN 按钮。

(2)25 s 内除 POWER ON 指示灯亮外,所有指示灯灭。风扇继续运行 5 s 后停机。

(3)切断压缩机、循环水泵、空冷器风扇电源。

(4)关断后置过滤器出口蝶阀,打开过滤器的排污阀,排净过滤器内的污物。

(5)做好停机记录。

3.10.2.4　仪表风装置切换(由 A 至 B)

(1)逐项检查待启仪表风装置 B。

(2)在 PLC 控制面板上把 LEAD 开关切向 BLEAD 位置。

(3)B 仪表风装置将自动启动,A 仪表风装置将处于 STANDBY(备用)状态。

3.11　LNG 场站电气控制系统

LNG 场站电气系统由场站电动球阀、紧急切断阀、泄漏报警器、UPS 不间断电源、压力变送器、温度变送器、过滤器压差变送器、液位变送器、红外系统、闭路系统、加臭系统、计量系统(气体体积修正仪、超声波流量计、气相色谱分析仪)、紧急开关、站控系统(SCADA 系统)、站控室、通信系统(路由器)、RTU 远程终端控制器、交换机、以太网、调度中心监控系统(SCADA 系统)等组成。站控电气系统见图 3-34。

电气系统的作用:整个站控系统是基于以太网的通信连接,硬盘录像机、PLC、通信服务器 RTU、监控设备电脑都连入以太网络,主通道通过无线路由或光纤与调度中心通信,监控场站电动球阀、紧急切断阀的阀位状态,压力变送器、过滤器压差变送器、温度变送器、液位变送器等数据参数的波动及其变化范围是否正常,泄漏报警器、红外系统、闭路系统、加臭系统、计量系统、站控系统(SCADA 系统)、通信系统、RTU 远程终端控制器、交换机是否处于正常工作状态,UPS 不间断电源是否处于市电供应的工作状态,紧急开关是否处于开启状态,以及以太网连接输送数据至调度中心监控系统是否处于正常工作状态等,及时准确地进行实时监控,发现问题及时上报并第一时间将事件的影响降到最低,确保场

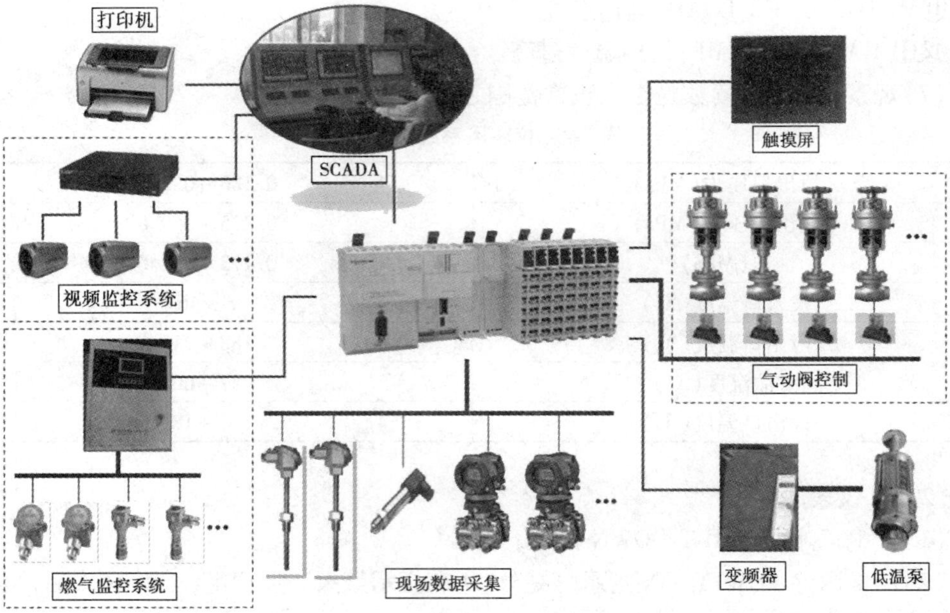

图 3-34　站控电气系统

站的正常运行，保证安全稳定供气。

其中，PLC 为控制系统的核心，对 LNG 站的工艺、设备状态、过程变量和数据进行处理，根据需要实现流程的自动切换及设备的启停；对工艺流程及设备进行连锁保护；对本站的数据记录归档；分析本站的数据，以图示方式表达出来，供操作员查阅；完成数据评价、预警、紧急关停，支持各种不同的输入输出；接收和显示所有相关的部件状态；处理所有危险信号，并自动防止故障，需要时紧急关停系统；控制旋转设备和气动阀门；后备电源支持停电状态下的实时检测数据和报警。PLC 控制柜见图 3-35。

图 3-35　PLC 控制柜

空气开关：负责控制柜总电源、柜内散热风扇开关、PLC、变送器、电磁阀电源等。同时接三孔、两孔的插座各 1 个。空气开关见图 3-36。

PLC 控制器：是整个自动化控制系统的核心器件，负责实现 LNG 站的变量数据采集、分析、报警、接收外部指令、控制泵的启动和控制电磁阀等，并上传数据到 SCADA 系统。PLC 控制器见图 3-37。图中从左往右依次为：①PS(PLC 电源)；②PLC 的 CPU(314C - 2DP)；③CPU 自带的 AI/AO 模块；④CPU 自带的 DI/DO 模块；⑤外加模拟量 AI 模块。

图 3-36　空气开关

图 3-37　PLC 控制器

中间继电器：用于继电保护与自动控制系统中，以增加触点的数量及容量，它用于在控制电路中传递中间信号，本电路中主要用于 PLC 与电磁阀、泵等的输出隔离和触点扩容。中间继电器见图 3-38。

双通道隔离器：接收危险区的开关量和接近开关的信号，并以继电器中继隔离输出至安全区，提高系统安全。双通道隔离器见图 3-39。

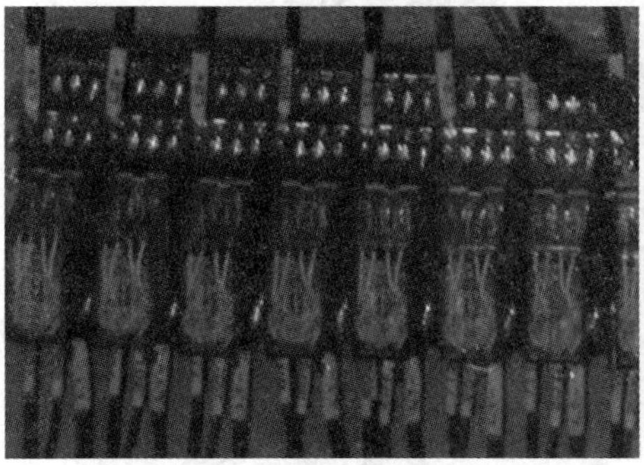

图 3-38　中间继电器

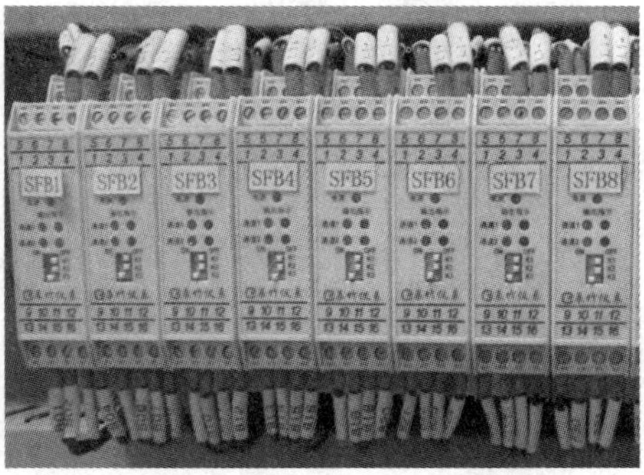

图 3-39　双通道隔离器

浪涌保护器：又称电涌保护器，用于防止雷电过电压和瞬态过电压对直流电源系统和用电设备造成的损坏，本系统中主要是保护变送器和 PLC。浪涌保护器见图 3-40。

安全栅：又称安全保持器，用于安全区和危险区之间传递能量与信号，分为齐纳式和隔离式两种。图 3-41 采用齐纳式安全栅，与浪涌保护器配合使用，双重保护 PLC 和变送器。图中从左往右依次为：储槽压力、泵进口压力、泵出口压力、储槽液位、泵进口温度、泵溢流口温度、仪表风压力等。

隔离变压器：用于使输入绕组与输出绕组在电气上分开的变压器。保护隔离外电网与控制柜内的电气连接。隔离变压器见图 3-42。

电力拖动柜：主要为潜液泵、柱塞泵、照明、加液机、空压机等提供电力驱动和控制，与 PLC 控制柜密不可分，实现动力输出。电力拖动柜见图 3-43。

空气断路器：配电柜总源，具有短路、过载、过流、急停时脱扣功能。空气断路器见图 3-44。

电流互感器：将交流电流转换成可供仪表测量或应用的变流设备。电流互感器见

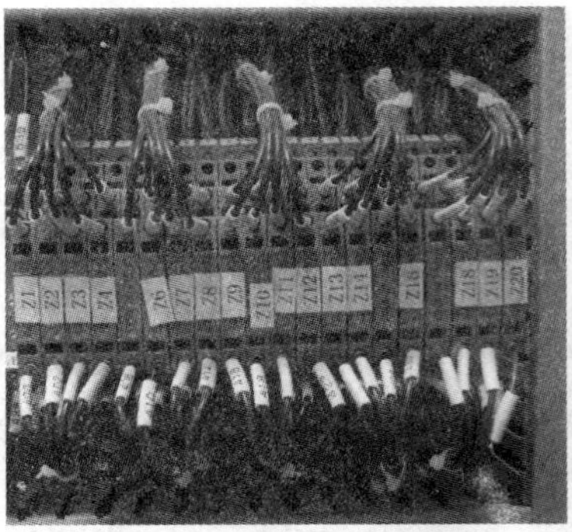

图 3-40　浪涌保护器

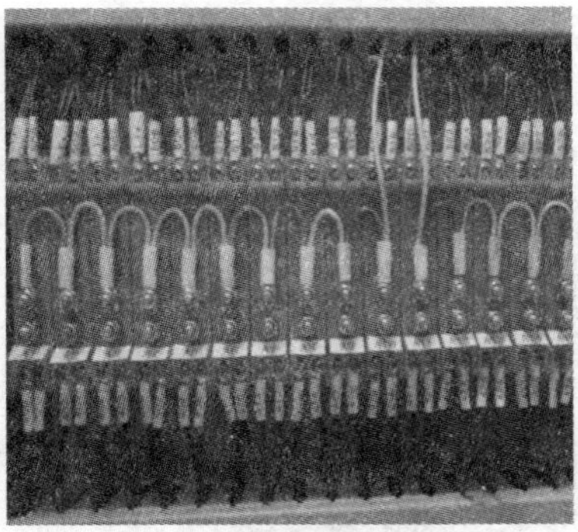

图 3-41　安全栅

图 3-42　隔离变压器

图 3-43　电力拖动柜

图 3-45。

图 3-44　空气断路器

图 3-45　电流互感器

变频器：用变频技术与微电子技术，通过改变电机工作电源的频率和幅度的方式来控制交流电动机的电力传动元件。变频器见图 3-46。

变送器：变送器在自动检测和控制系统中的作用，是对各种工艺参数，如温度、压力、流量、液位、成分等物理量进行检测，供显示、记录或控制之用，以获取精确、可靠的过程参数值。按被测参数分类，变送器主要有差压变送器、压力变送器、温度变送器、液位变送器和流量变送器等。压力变送器、压力传感器及温度变送器见图 3-47 ~ 图 3-49。

燃气泄漏报警系统：主要由燃气浓度探头和燃气报警器组成，与控制柜联动，用于监

图 3-46　变频器

图 3-47　压力变送器

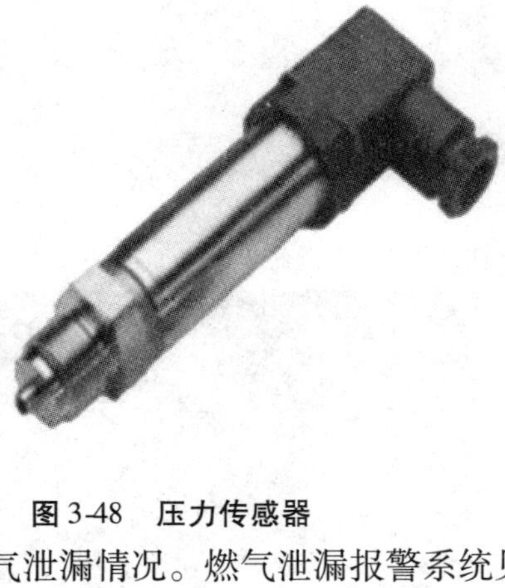

图 3-48　压力传感器

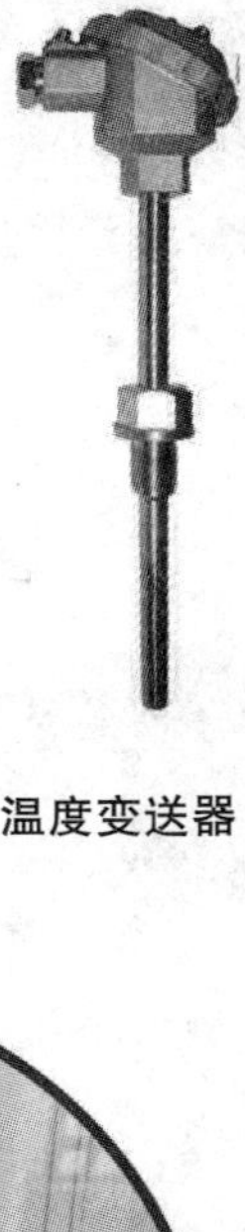

图 3-49　温度变送器

控站内燃气泄漏情况。燃气泄漏报警系统见图 3-50。

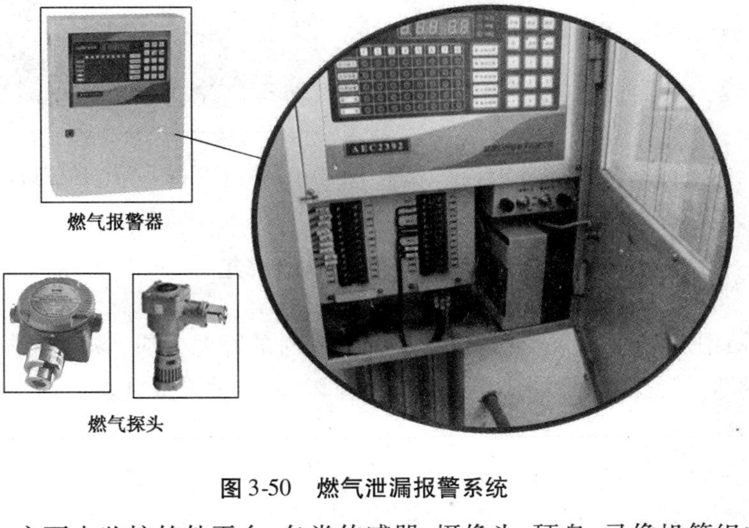

图 3-50　燃气泄漏报警系统

监控系统：主要由监控软件平台、各类传感器、摄像头、硬盘、录像机等组成，用于监控站内设备参数以及站内人员和设备的工作情况。监控软件平台、监控硬件、监控窗口见图 3-51 ~ 图 3-53。

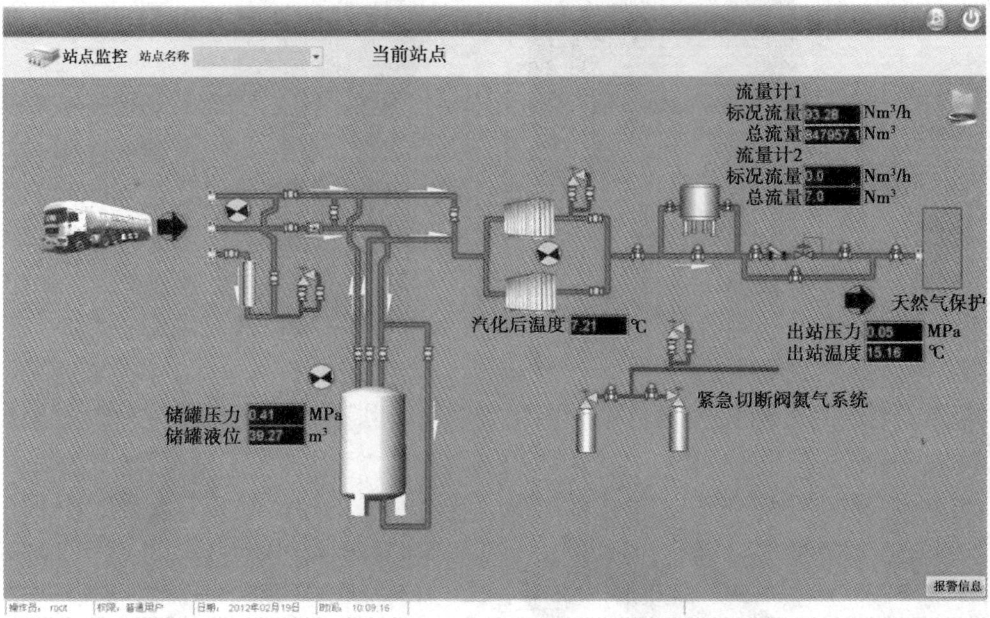

图 3-51　监控软件平台

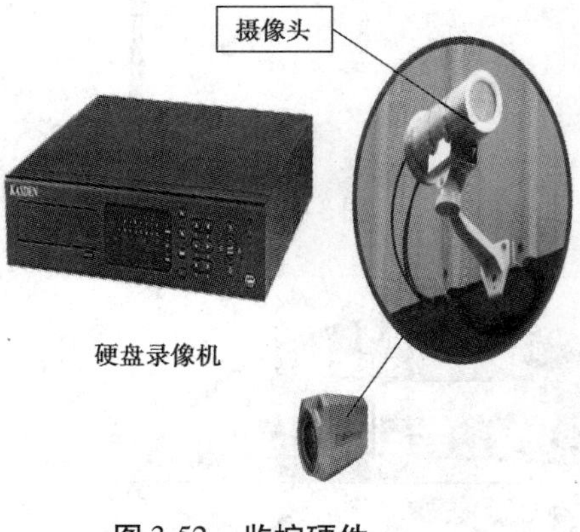

图 3-52　监控硬件

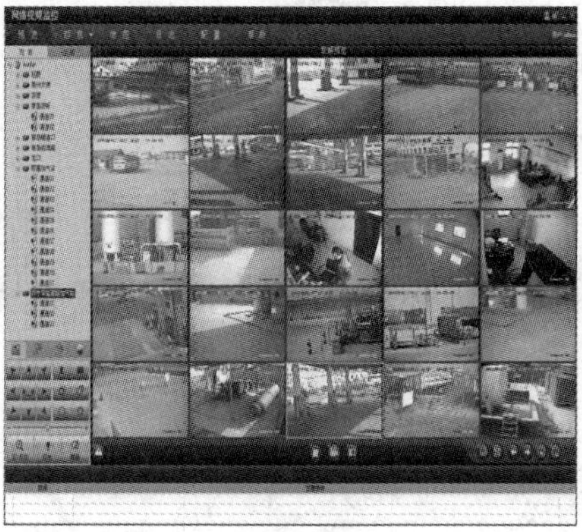

图 3-53　监控窗口

3.12　供热系统

因储配站中 LNG 的低温性，以及天然气调压时的降温效应，场站中的工艺管线容易出现结霜、结冰的现象，为防止管线及设备被冻坏，需要设置供热系统，常见的供热系统为电伴热系统。

电伴热作为一种有效的管道保温及防冻方案，一直被广泛应用。电伴热温度梯度小、热稳定时间较长，适合长期使用，其所需的热量（电功率）大大低于电加热。电伴热具有热效率高、节约能源、设计简单、施工安装方便、无污染、使用寿命长、能实现遥控和自动控制等优点。其工作原理是通过伴热媒体散发一定的热量，直接或间接的热交换补充被伴热管道的损失，以达到升温、保温或防冻的正常工作要求。电伴热是用电热的能量来补充被伴热体在工艺流程中所散失的热量，从而维持流动介质最合理的工艺温度，它是一种高新技术产品。电伴热是沿管线长度方向或罐体容积大面积上的均匀放热，它不同于在一个点或小面积上热负荷高度集中的电加热。

3.12.1　电伴热的优势

电伴热与蒸汽、热水伴热相比，具有如下诸多优势：

(1)电伴热装置简单、发热均匀、控温准确，能进行远控、遥控，实现自动化管理。

(2)具有全天候工作性能，可靠性高，使用寿命长。

(3)节能环保，热效率高。

(4)电伴热设计工作量小、施工方便简单、维护工作量小。

无论一次性投资，还是年运行费用，电伴热带比蒸气伴热都要节省；有的项目电伴热带的一次性投资可能会略高于蒸汽、热水伴热，但以年运行费用论，通常电伴热运行 1 ~ 2 年节省的费用就能收回投资。

3.12.2　电伴热的工作原理

电伴热带接通电源后(注意尾端线芯不得连接)，电流由一根线芯经过导电的 PTC 材料到另一根线芯上而形成回路。电能使导电材料升温，其电阻随即增加，当芯带温度升至某值之后，电阻大到几乎阻断电流的程度，其温度不再升高，同时电伴热带向温度较低的被加热体系传热。电伴热带的功率主要受控于传热过程，随被加热体系的温度自动调节输出功率，而传统的恒功率加热器却无此功能。

3.12.3　电伴热的日常维护

对于用于管道防冻保温的电伴热系统，需要每年进行两次例行检查，经过外界环境的变化，电伴热的整套系统需要在天气降温前进行系统的检查。

环境变换会对电伴热系统的保温层、电伴热带、配件以及防水罩造成影响，可能会有积水现象的发生，一定要立刻对积水进行处理，对于损坏的保温层或防水罩要及时进行更换与维护，保证内部的电伴热系统完全防水。由于内部积水，可能会造成伴热带的局部渗漏，引起短路，即使采用改性聚烯烃或全氟材料外护套，也会将伴热带击穿烧毁。因此，每次维修都要进行详细记录，以便于确定下次的维修细节与时间。检测伴热带的连续性和绝缘电阻的测试，使用 500 V 的摇表，测量电阻应大于 5 MΩ，一般是在每一个回路的尾端进行测试，与此同时检查电伴热带的外护套是否有破损情况，详细记录检查结果，以便将问题反馈给厂家。如果某一段出现破损甚至不热，测试电阻为 0 以后，可以使用两通接线盒在电伴热允许的最大使用长度内短接一段新的电伴热带。

3.13 柴油发电机操作规程

(1)每次开机前工作(检查时应将钥匙开关转至停机位置):

①检查机油油位,油面应在机油尺的高、低刻度线之间,不足时应添加同型号、同品牌的机油。

②检查电池电极有无腐蚀,有则清洁之。

③检查燃油油位,不足时需要及时添加,并定期放出沉淀物。

④检查冷却风扇和充电机传动皮带的松紧,如松则需要调整。

⑤检查空气滤清器上的阻力指示器,如有红圈出现则应更换空气滤清器滤芯(开机前或开机后都应检查)。

(2)经常性保养(与机组运行时间无关)。

①检查蓄电池电解液液位,液面应在高、低刻度线之间,如不足则应补充蒸馏水。

②检查各管道是否有泄漏,检查进气管道是否有漏气,各机油管是否有漏油,各柴油管道是否有漏油,排气管是否有漏气。

③定期对油水分离器进行排水(如果机组带有油水分离器)。

(3)新机运行第一个 50 h 后应更换机油和机油滤清器(需热机后更换,所用的机油和机油滤清器必须征得厂家的同意。

(4)新机或大修后的发动机,在运行 200 ~ 300 h 后需检查气门间隙(必须由有资格者进行)。

(5)停机后给日用油箱补充经过 48 h 沉淀后的柴油。

(6)机组在运转中,检查如表 3-3 所示项目。

表 3-3 机组检查项目

项目	正常运转	不正常运转
机油油压(bar)	3 ~ 6	<2.8
油温度(℃)	85 ~ 95	>110
冷却液温度(℃)	65 ~ 92	>95

(7)停机时先卸去负载,柴油机空载运转 3 ~ 5 min,然后再停机。

(8)如要拆去蓄电池,必须先停浮充的市电电源。

(9)备用机组应每月开机 1 ~ 2 次,每次开机运转不超过 10 min。

(10)当柴油机出现故障时,需要搬动标有 STOP 的油门手柄至停车位置,使发动机停机。

(11)不得使发动机在额定转速下长时间空载或轻载运转。注:轻载是指输出功率不足额定功率的 1/3。

(12)值班员应经过培训和认真阅读发电机操作手册,并具备发电机组的相关知识。

(13)机组运行时,应做好各项记录。

2 液化天然气场站工艺操作及设备维护

第4章 液化天然气储配站主要设备

4.1 阀 门

4.1.1 阀门分类

阀门是流体管路输配系统中的重要控制装置，具有改变介质通过流量、接通和关闭介质流通通道的作用。

4.1.1.1 阀门的分类

阀门的种类很多，同时也有很多分类标准，比如可以按照用途、口径、介质压力、介质温度、连接方式、阀门材料等来分类。

1. 按用途分类

(1)截断阀类：主要用于截断或接通介质流。包括闸阀、截止阀、隔膜阀、旋塞阀、球阀、蝶阀等。

(2)调节阀类：主要用于调节介质的流量、压力等。包括调节阀、节流阀、减压阀、调压器等。

(3)止回阀类：用于阻止介质倒流。包括各种结构的止回阀。

(4)分流阀类：用于分配、分离或混合介质。包括各种结构的分配阀和疏水阀等。

(5)安全阀类：用于超压安全保护，在介质压力超过规定值时，用来排放多余的介质，保证管路系统及设备安全。包括各种类型的安全阀。

(6)分配阀类:用于改变介质流向、分配介质。包括三通旋塞、分配阀、滑阀等。

(7)特殊用途:如疏水阀、放空阀、排污阀等。

2. 按压力分类

(1)真空阀:工作压力低于标准大气压的阀门。

(2)低压阀:公称压力 $PN<1.6$ MPa 的阀门。

(3)中压阀:公称压力 PN 为 2.5 ~ 6.4 MPa 的阀门。

(4)高压阀:公称压力 PN 为 10.0 ~ 80.0 MPa 的阀门。

(5)超高压阀:公称压力 $PN\geq 100$ MPa 的阀门。

3. 按介质工作温度分类

(1)高温阀:$t>450$ ℃的阀门。

(2)中温阀:120 ℃ $<t\leq 450$ ℃的阀门。

(3)常温阀：-40 ℃ <t≤120 ℃的阀门。

(4)低温阀：-100 ℃ <t≤ -40 ℃的阀门。

(5)超低温阀：t≤ -100 ℃的阀门。

4. 通用分类法

通用分类法既按原理、作用，又按结构划分，是目前国际、国内最常用的分类方法。一般分为闸阀、截止阀、节流阀、仪表阀、柱塞阀、隔膜阀、旋塞阀、球阀、蝶阀、止回阀、减压阀、安全阀、疏水阀、调节阀、底阀、过滤器、排污阀等。

4.1.1.2 液化天然气储配站主要阀门

1. 截止阀

截止阀，也叫截门，是使用最广泛的一种阀门，在液化天然气储配站主要应用超低温截止阀，见图4-1。

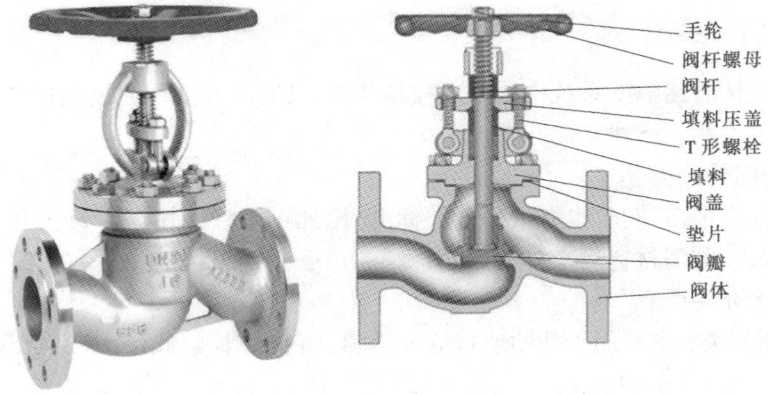

(a) 截止阀实物　　(b) 截止阀内部结构

图4-1　截止阀

1)超低温截止阀

超低温截止阀的阀杆轴线与阀座密封面垂直。阀杆开启或关闭行程相对较短，并具有非常可靠的切断动作，该阀门适合作为介质的切断或调节及节流使用，见图4-2。

图4-2　低温截止阀的应用

超低温截止阀一旦处于开启状态，它的阀座和阀瓣密封面之间就不再有接触，因而它的密封面机械磨损较小，由于大部分截止阀的阀座和阀瓣比较容易修理或更换密封元件时无须把整个阀门从管线上拆下来,这对于阀门和管线焊接成一体的场合是很适用的。介质通过此类阀门时的流动方向发生了变化,因此截止阀的流动阻力高于其他阀门。

长轴低温截止阀见图 4-3。

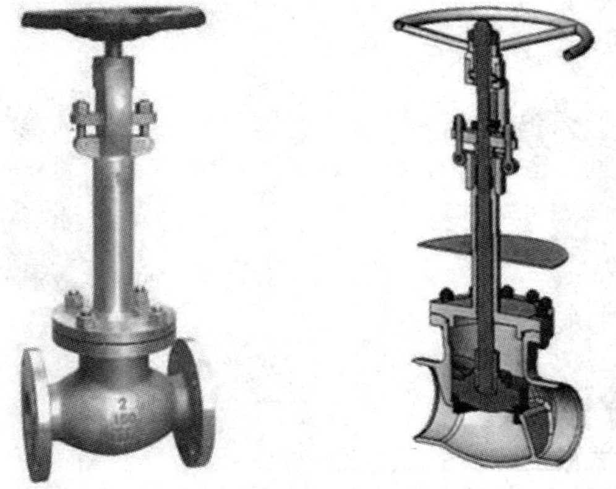

(a) 长轴低温截止阀实物　(b) 长轴低温截止阀剖面

图 4-3　长轴低温截止阀

2)直通式截止阀

直通式截止阀见图 4-4。

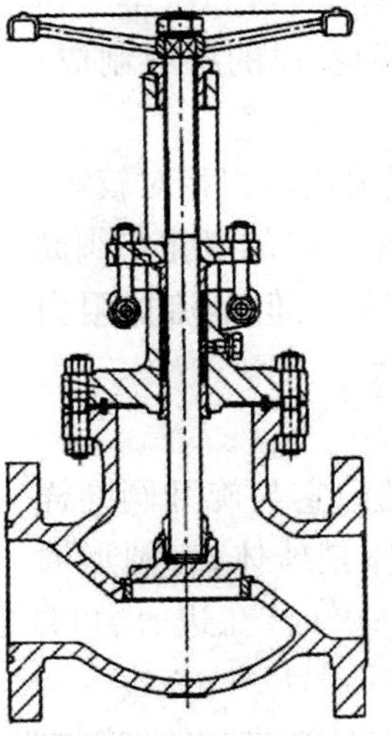

图 4-4　直通式截止阀

3)角式截止阀

在角式截止阀中,流体只需改变一次方向,以至于通过此阀门的压力降比常规结构的截止阀小,见图 4-5。

4)直流式截止阀

在直流式或 Y 形截止阀中,阀体的流道与主流道成一斜线,这样流动状态的破坏程度比常规截止阀要小,因而通过阀门的压力损失也相应地减小了,见图 4-6。

图 4-5　角式截止阀

图 4-6　直流式截止阀

5）柱塞式截止阀

柱塞式截止阀是常规截止阀的变形。在该阀门中，阀瓣和阀座通常是基于柱塞原理设计的。阀瓣磨光成柱塞与阀杆相连接，密封是由套在柱塞上的两个弹性密封圈实现的。两个弹性密封圈用一个套环隔开，并通过由阀盖螺母施加在阀盖上的载荷把柱塞周围的密封圈压牢。弹性密封圈能够更换，可以采用各种各样的材料制成。柱塞式截止阀见图 4-7。

图 4-7　柱塞式截止阀

由于该类阀门的阀杆开启或关闭行程相对较短，具有非常可靠的切断功能，且阀座通口的变化与阀瓣的行程成正比例关系，可以调节流量，但是流体阻力大，开启和关闭时所需要的力较大。

2. 球阀

球阀是由旋塞阀演变而来的。它与旋开阀同样是旋转 90°动作，不同的是旋塞体是球体，有圆形通孔或通道通过其轴线，当球旋转 90°时，在进、出口处应全部呈现球面，从而截断介质流动。球阀见图 4-8。

球阀结构简单、体积小、质量轻，维修方便；流体阻力小，紧密可靠，密封性能好；操作方便，开闭迅速，便于远距离控制；适用范围广，通径从小到几毫米，大到几米，从高真空至高压力都可应用。

3. 低温气动紧急切断阀

低温气动紧急切断阀的启闭件靠汽缸作用力开启或关闭，以切断介质流动的阀门，作用是控制工艺管道内流体的切断和接通，属于自动阀类，主要用于介质单向流动的管道上，紧急切断管路中的介质流动，以防止发生事故。低温气动紧急切断阀见图 4-9。

低温气动紧急切断阀上有安全保护装置（易熔塞），当环境温度在（75 ±5）℃时，会自动切断介质的流动，以防止发生事故，其气源要求是经过滤的压缩空气，流经阀体的介质

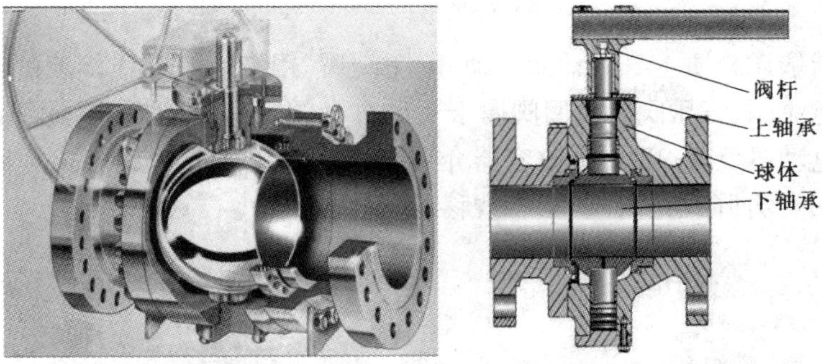

(a) 球阀实物　　(b) 球阀剖面

图 4-8　球阀

应该是无杂质和无颗粒的液体或气体。低温气动紧急切断阀的应用见图 4-10。

图 4-9　低温气动紧急切断阀

低温气动紧急切断阀工作原理如下：

(1)汽缸充入指定压力时，活塞上升，带动阀杆开启阀门，关闭时释放汽缸内气体，活塞在弹簧的作用下带动阀杆与阀瓣向下运动，密封件压紧阀座，阀门关闭。

(2)气动操作时，当阀门的周围环境温度达到易熔金属熔化温度时(用于低温槽车、低温罐式集装箱的紧急切断阀易熔塞，在(75 ± 5)℃时应熔化)，易熔塞内部的易熔金属就会熔化，汽缸内的工作压力会自动排放，活塞在弹簧的作用下带动阀杆与阀瓣向下运动，密封件压紧阀座，阀门关闭，其关闭速度如表 4-1 所示。

图 4-10　低温气动紧急切断阀的应用

表 4-1　低温气动紧急切断阀关闭速度

公称通径 DN	关闭时间(s)
≤50	≤5
65 ~ 350	≤10

(3)旋转顶部的手轮带动阀杆与阀瓣向上运动，可手动开启阀门。

根据国家有关标准，在 LNG 输出端口必须配置紧急切断阀，以确保 LNG 罐箱及槽车安全运行，在事故状态下切断危险源，减少人员及财产损失。

4. 止回阀

止回阀是指依靠介质本身流动而自动开、闭阀瓣,用来防止介质倒流的阀门,又称逆止阀、单向阀、逆流阀、背压阀。止回阀属于一种自动阀门,其主要作用是防止介质倒流,防止泵及驱动电动机反转,以及泄放容器介质。止回阀主要分为旋启式止回阀(依重心旋转,见图4-11)与升降式止回阀(沿轴线移动,见图4-12)。

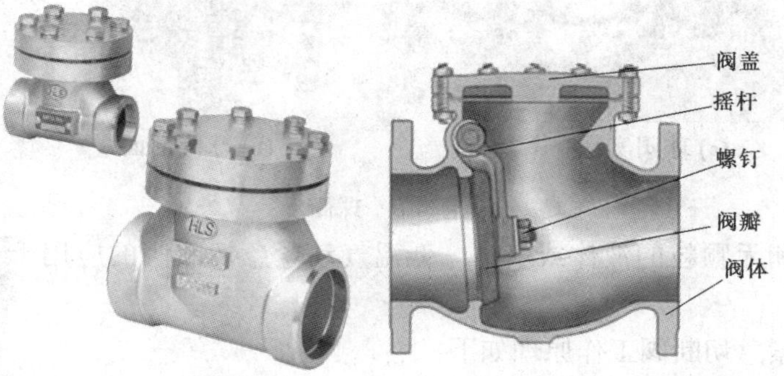

(a) 旋启式止回阀实物　　(b) 旋启式止回阀剖面

图4-11　旋启式止回阀

(a) 升降式止回阀实物 (1)　　(b) 升降式止回阀实物 (2)

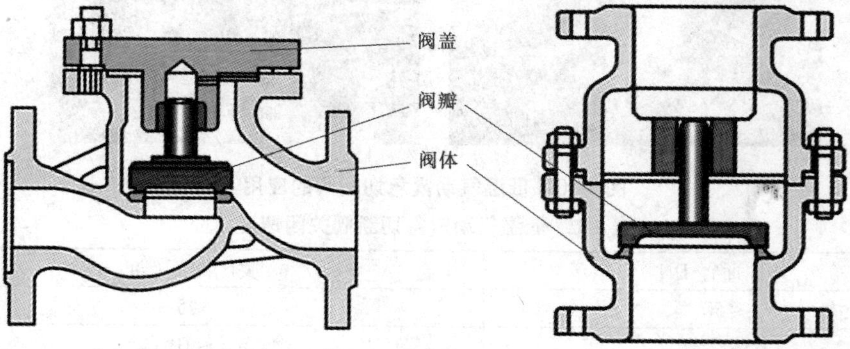

(c) 升降式止回阀剖面 (1)　　(d) 升降式止回阀剖面 (2)

图4-12　升降式止回阀

止回阀的作用是只允许介质向一个方向流动,阻止反方向流动,以防止发生事故。通常这种阀门是自动工作的,在一个方向流动的流体压力作用下,阀瓣打开;流体反方向流动时,由流体压力和阀瓣的自重作用于阀座,从而切断介质流动。

旋启止回阀适用于给水系统、石油、化工、天然气、冶金等工业部门对有安装空间限制的场所，在天然气场站中主要用于场站流量计出口，为防止流体倒流而导致流量计计量精度有误。

止回阀安装时应注意以下事项：

(1)在管线中不要使止回阀承受重量，大型的止回阀应独立支撑，使之不受管道系统产生的压力的影响；

(2)安装时，注意介质流动的方向应与阀体所标箭头方向一致；

(3)升降式垂直瓣止回阀应安装在垂直管道上；

(4)升降式水平瓣止回阀应安装在水平管道上。

5. 蝶阀

蝶阀又叫翻板阀，是一种结构简单的调节阀，同时也可用于低压管道介质的开关控制。蝶阀是指关闭件(阀瓣或蝶板)为圆盘，围绕阀轴旋转来达到开启与关闭的一种阀，在管道上主要起切断和节流作用。蝶阀启闭件是一个圆盘形的蝶板，在阀体内绕其自身的轴线旋转，从而达到启闭或调节的目的。蝶阀见图 4-13。

图 4-13　蝶阀

蝶阀的蝶板安装于管道的直径方向，圆盘形蝶板绕着轴线旋转，起到开关作用。蝶阀结构简单、体积小、质量轻，只由少数几个零件组成，可快速启闭，操作简单。蝶阀处于完全开启位置时，蝶板厚度是介质流经阀体时唯一的阻力，通过该阀门所产生的阻力很小，因此具有较好的流量控制特性，可以作调节用，但是密封性差，适用压力范围窄。

蝶阀有弹性密封和金属密封两种密封形式。弹性密封阀门，密封圈可以镶嵌在阀体上或附在蝶板周边。采用金属密封的阀门一般比弹性密封的阀门寿命长，但很难做到完全密封，金属密封能适应较高的工作温度，弹性密封则具有受温度限制的缺点。

6. 安全阀

安全阀又称泄压阀，是压力容器和其他受压设备的保护装置，用来防止受压设备中的压力超过设计允许值，从而保护设备及其运行人员的安全。由于安全阀可以不依赖任何外部能源而动作，所以常常作为受压设备的最后一道保护装置。从这个意义上来说，它的作用是不能用其他保护装置来代替的。安全阀见图 4-14、图 4-15。

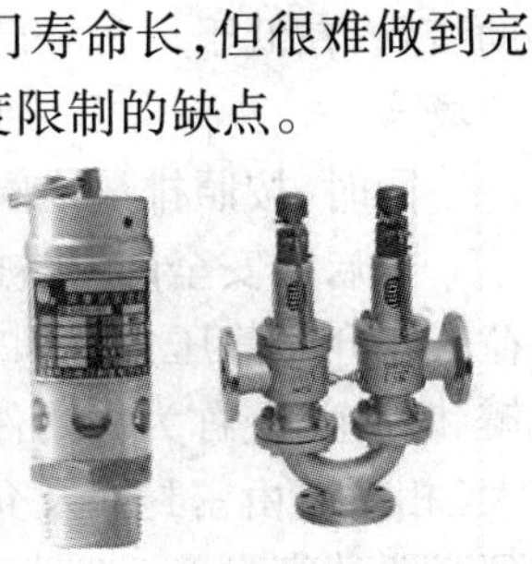

图 4-14　安全阀

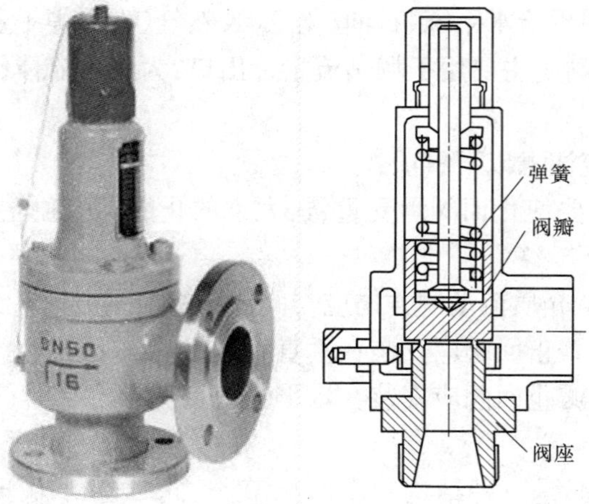

(a)安全阀实物　　(b)安全阀剖面

图 4-15　安全阀结构图

安全阀在系统压力超过规定值时,不借助任何外力,利用介质本身的压力自动打开,排出一定量的流体,将系统中的一部分气体/流体排入大气/管道外,以防止系统内压力超过预定的安全值,当压力恢复到安全值后,阀门再自动关闭以阻止介质继续流出,从而保证系统不因压力过高而发生事故。安全阀的设定压力是该管段或设备的最高工作压力的 1.05 倍,回座压力是起跳压力的 0.8 倍。

按作用原理划分,安全阀可分为直接作用式和非直接作用式两种。

直接作用式安全阀,也称直接载荷式安全阀,是在工作介质的直接作用下开启的,即依靠工作介质压力产生的作用力来克服弹簧加于阀瓣的机械载荷(直接载荷),使阀门开启。它具有结构简单、反应快速、可靠性好等优点,但因为依靠机械加载,其载荷大小受到限制,也就限制了口径和压力的范围。同时,这类安全阀关闭件密封面上的密封力取决于阀门整定压力与系统正常运行压力之差,是一个不大的值,所以要达到良好的密封就比较困难,尤其对于金属密封面的情形更是如此。为了达到密封,需要采取特殊的结构形式和进行精细的加工与装配。

非直接作用式安全阀分为先导式和动力辅助式两种。先导式安全阀是依靠从导阀排出的介质来驱动或控制的,适用于高压、大口径的场合。动力辅助式安全阀是借助动力辅助装置,在低于正常开启压力时强制开启的一种安全阀,适用于需定期开启或有冻结情况的场合。

同时,按照排量或阀瓣开启高度不同,安全阀又可分为全启式和微启式两种。

全启式安全阀:当被保护设备中(安全阀进口处)介质处于正常工作压力时,弹簧载荷大于介质静压力对阀瓣的作用力,使阀门处于关闭状态。上述两个作用力的差值使阀瓣和阀座(统称为关闭件)密封面间产生相互压紧的力(密封力)。只要这个密封力足够大(相对于由密封面及介质状况决定的必需密封力而言),就能阻止介质泄出,使阀门达到必要的密封性。如果介质压力升高,超过正常工作压力,密封力就随之减小。小到一定程度时,介质开始泄出(称为"前泄")。随着介质压力进一步升高,当介质对阀瓣的作用力与弹簧力达到平衡时，阀瓣开始脱离阀座而升起，称为“开启”。压力继续升高时，阀瓣达到设计的开启高度，作全量排放。只要阀门的排量足够大，设备中的压力就会降低。压力降低到一定程度时，阀门由于弹簧力的作用而重新关闭。

弹簧微启式安全阀（见图4-16）是利用压缩弹簧的力来平衡作用在阀瓣上的力。螺旋圈形弹簧的压缩量可以通过转动它上面的调整螺母来调节，利用这种结构就可以根据需要校正安全阀的开启（整定）压力。弹簧微启式安全阀结构轻便紧凑，灵敏度也比较高，安装位置不受限制，而且因为对振动的敏感性小，所以可用在移动式的压力容器上。这种安全阀的缺点是所加的载荷会随着阀的开启而发生变化，即随着阀瓣的升高，弹簧的压缩量增大，作用在阀瓣上的力也跟着增加。这对安全阀的迅速开启是不利的。另外，阀上的弹簧会由于长期受高温的影响而使弹力减小，用于温度较高的容器上时，常常要考虑弹簧的隔热或散热问题，从而使结构变得复杂起来。

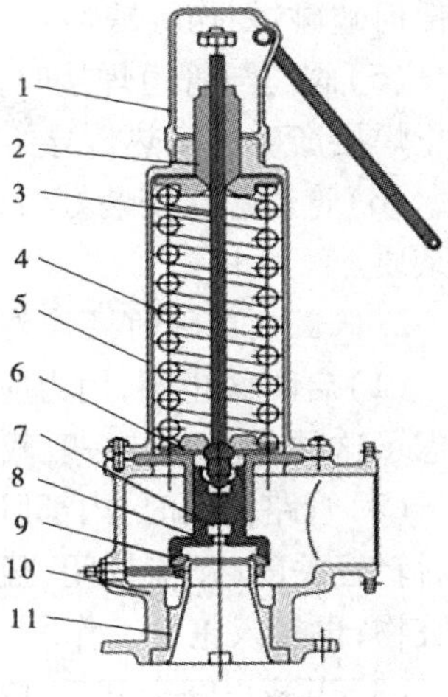

1—保护罩；2—调整螺杆；3—阀杆；4—弹簧；5—阀盖；6—导向套；7—阀瓣；8—反冲盘；9—调节环；10—阀体；11—阀座

图4-16 弹簧微启式安全阀

安全阀的应用见图4-17。

图4-17 安全阀的应用

4.1.2 阀门保养及常见故障处理

4.1.2.1 截止阀保养及常见故障处理

1. 低温截止阀的安装要求

（1）在管线中不要使低温截止阀承受重量，大型的低温截止阀应独立支撑，使之不受管系产生的压力的影响。

（2）安装时，注意介质流动的方向应与阀体标识箭头方向一致。

（3）低温截止阀应垂直安装在管道上。

（4）阀门宜存放在干燥室内，应轻放，内腔严禁杂质、异物、水分进入，产品表面不得有任何磕碰、划伤等缺陷。

(5)阀门与管道焊接时，应将阀门处于开启状态，使阀顶密封圈与阀体密封面脱离，防止焊接产生的高热传导给密封副造成密封副的损坏。

(6)管道焊接安装好后，应用干燥气体(无水分和油渍)彻底吹除管道内的焊渣和其他杂质。

2. 低温截止阀的操作要求

(1)启闭截止阀，用力应该平稳，不可冲击。某些冲击启闭的高压截止阀各部件已经考虑了这种冲击力与一般截止阀不能等同。

(2)管路初用时，内部脏物较多，可将截止阀微启，利用介质的高速流动，将其冲走，然后轻轻关闭(不能快闭、猛闭，以防残留杂质夹伤密封面)，再次开启，如此重复多次，冲净脏物，再投入正常工作。

(3)当截止阀全开后，应将手轮倒转少许，使螺纹之间结合严紧，以免松动损伤。

(4)常开截止阀，密封面上可能粘有脏物，关闭时也要用上述方法将其冲刷干净，然后正式关严。

(5)如手轮、手柄损坏或丢失，应立即配齐，不可用活扳手代替，以免损坏阀杆四方，启闭不灵，以致在生产中发生事故。

(6)某些介质，在截止阀关闭后冷却，使阀件收缩，操作人员应于适当时间再关闭一次，让密封面不留细缝；否则，介质从细缝高速流过，很容易冲蚀密封面。

(7)操作时，如发现操作过于费劲，应分析原因。若填料太紧，可适当放松；如阀杆歪斜，应通知人员修理。有的截止阀，在关闭状态时，关闭件受热膨胀，造成开启困难，如必须在此时开启，可将阀盖螺纹拧松半圈至一圈，消除阀杆应力，然后扳动手轮。

3. 低温截止阀的保养要求

(1)定期检查截止阀阀位开度是否在全开全关位；

(2)定期检查截止阀阀杆有无漏冷结霜现象；

(3)定期检查截止阀门压盖有无松动；

(4)定期检查截止阀外观，查看是否有锈蚀现象；

(5)若截止阀发生泄漏，拆卸阀体，更换非金属件。

4. 低温截止阀常见故障处理

1)阀瓣密封面损坏

引起阀瓣密封面损坏的原因是：设备调试前，没有对管路进行吹除，管路中还残留有焊接后的氧化皮、杂质。

预防的办法是：调试前对管路进行彻底的吹除，并在重要部件前加过滤器。

2)介质内漏

介质内漏的原因有：密封面破坏，夹入杂质。

处理办法：修复密封面和清洗杂质，防止内漏。

3)介质外漏

介质外漏的原因是：低温截止阀频繁开启、关闭，造成密封填料磨损或者阀门在低温下遇冷收缩。

处理办法:将填料压紧螺母再用力拧紧或者更换填料。

4.1.2.2　球阀保养及常见故障处理

1. 手动球阀(见图4-18)保养及故障处理

(1)每周检查球阀阀位开度是否在全开全关位。

(2)阀门阀杆部分应保持有油,以减少摩擦,防止咬住,保证启闭灵活;不经常启闭的阀门,每月进行1次启闭操作;每半年对阀门进行启闭操作测试;阀门的传动装置应每月加油。

(3)启闭阀门,严禁使用加力杆或阀门扳手,以防止扳断手轮、手柄或损坏密封面。

(4)刚投入运行的管线和长期开启的阀门,由于管道内部脏物较多,或在密封面上可能粘有污物,关闭时,可将阀门轻轻关上,再开启少许,这样可利用介质的高速流动将杂质污物冲掉,然后再轻轻关闭。特别是投入运行的管道,可如此重复多次,冲净脏物再投入运行。每月查看球阀阀体表面是否有锈蚀。

(5)每月检查球阀静密封点连接处是否有漏气。

(6)每季度对球阀进行排污。

(7)对于设有排污装置的阀门,每半年排污1次,同时检查球阀的密封性。

(8)严禁拆卸阀门的零件。

(9)每年对球阀传动齿轮箱进行开启检查,定期更换润滑黄油。

(10)应经常保持阀门的清洁,不能依靠阀门来支持其他重物。

图4-18　手动球阀

2. 电动球阀(见图4-19)保养及故障处理

(1)有人值守场站白班应每两小时对场站电动球阀巡查1次,无人值守场站应每周对场站电动球阀巡查1次,检查供电、液晶屏显示是否正常,有无报警ALARM信息等。

(2)检查静密封点连接处是否有漏气。

(3)每月检查1次阀体表面是否有锈蚀,接线是否有松动、老化等现象。

(4)检查有无漏气、异常气味、异常震动、噪声。

(5)每季度打开排污阀进行排污,并检查有无内漏现象。

(6)每半年对阀门进行启闭操作测试和排污,同时检查球阀的密封性,打开齿轮箱,查看齿轮箱内部构件有无锈蚀,齿轮箱密封胶圈有无损坏,每季度更换齿轮箱内黄油。

(7)定期检查是否有油从执行机构外壳中泄漏。

电动执行机构

图 4-19　电动球阀

3. 球阀保养作业指导书示例

钢制球阀维护保养

1　作业关键控制点

1.1　拆除压盖

1.2　清洗齿轮

1.3　加注润滑油

1.4　旋转阀芯

1.5　复位

1.6　检漏

2　工具材料及安全防护设施配置

2.1　工具材料包括发电机、抽水泵、井盖钩、汽车、中黄油漆、环氧煤沥青、扳手、铲刀、通信工具、铜丝刷、检漏仪。

2.2　防护设施包括防护手套、绝缘高筒靴、安全带、灭火器、路障。

3　主要人员、物料消耗定额

维护标准:每半年维护保养 1 次,防腐根据阀门腐蚀情况而定。

规格		DN50	DN100	DN150	DN200
人员(人)		2	2	2	2
工作时间(h)		1	1	1.5	1.5
物料	环氧煤沥青(kg)	1	1.5	1.5	2
	中黄油漆(kg)	0.25	0.25	0.25	0.25

4　作业气候、环境要求

4.1　寒冷、雨雪、炎热等恶劣天气不宜作业。

4.2　在路口、人行道处应避开车流、人流高峰作业,并安放好路障。

5　作业流程

下井前准备	到达现场后，检查周围的环境，做好安全防范措施，穿戴劳动防护用品，作业人员要穿防静电服，严禁穿带铁钉鞋
	开启井盖时，检查井内是否有气味，以防止燃气泄漏；并用测氧仪检测氧气含量应大于18%；检查爬梯是否完好
	如果井中有水不方便作业，开启发电机进行预热后抽水，发电机离井口应大于 3 m
	当井中水抽到井底以上 10 cm 处时，将出水管头转向井内冲洗设备及井壁四周的污泥
	工作人员下阀门井操作前，应把井盖打开，通风换气，不得少于 10 min，检测合格后下井作业，一人井下操作，一人井上监护
操作流程	抽水、清洗、除锈、清理井内卫生
	监护人员和作业人员根据作业情况进行调换，作业过程中保持联系
	用毛巾擦干设备上的水
	拆除指示器箱盖小螺塞，检查和加注机油
	加油标准：20#机械油 0.5 kg
	阀门向下关闭，打开阀盖上方加油孔，加注润滑油，润滑阀杆
	打开阀门下部两侧排污孔盖，清除阀门内腔底部污垢
	拆去指针、指示盘，可打开指示器箱盖，更换第二道阀杆 O 形圈及齿 O 形密封圈（必要时进行更换）
	紧固所有连接部位紧固件
	全部检查和保养做完后，应检查所拆部位有无泄漏情况，指针是否指示正确
	旋转阀门，轻轻活动几下，然后将其恢复原位，用检漏液检查是否有漏气，不漏气为合格
	检查膨胀节丝杆螺母是否处于自由状态
	将混合油脂涂抹在螺母上
	用毛巾将阀门清理干净
	刷环氧煤沥青防腐及对井盖刷漆除锈
清理现场	作业结束，关闭好井盖，对现场进行清理

6　安全注意事项或应急措施

6.1　打开井盖后必须等 10 min 以上，检查井中有无其他有害气体；

6.2　当抽水时，禁止下井作业，以防触电；

6.3　维护阀门时应在井口四周（以井口为中心半径 2 m）摆设路障；

6.4　监护人员经常和井下作业人员交谈，并每隔 5 min 用测氧仪检测井中氧气含量 1 次；

6.5　打开井盖后，应注意井盖放置安全；

6.6　下井作业人员应关闭对讲机、手机等通信设备。

4.1.2.3　气动紧急切断阀保养及常见故障处理

1. 气动紧急切断阀的安装要求

（1）在管线中不要使气动紧急切断阀承受重量，大型的气动紧急切断阀应独立支撑，使之不受管系产生的压力的影响。

(2)安装时,注意介质流动的方向应与阀体标识箭头方向一致。

(3)气动紧急切断阀应垂直安装在管道上。

(4)阀门宜存放在干燥室内,应轻放,内腔严禁杂质、异物、水分进入,产品表面不得有任何磕碰、划伤等缺陷。

(5)阀门与管道焊接时,应旋转手轮将阀门开启,使阀顶密封圈与阀体密封面脱离,防止焊接产生的高热传导给密封副造成密封副的损坏。

(6)管道焊接安装好后,应用干燥气体(无水分和油渍)彻底吹除管道内的焊渣和其他杂质。

(7)阀门焊接安装好后,在有控制气源使用过程中,应将阀门的手轮处于空挡状态;否则,阀门不能正确回位(关闭),也不能实现紧急切断。

(8)当没有控制气源或供气系统出现故障时,可用手动装置即旋转手轮对阀门进行开关操作。

(9)用手轮打开阀门后,若出现异常情况,阀门不能实现紧急切断,因为手动开启阀门后,气动控制失效。需将手轮处于空挡状态,气动控制才能正常使用。

2. 气动紧急切断阀的保养

(1)检查切断阀外观,查看是否有锈蚀现象;

(2)每月进行远程或就地压力测试,查看阀杆转动是否灵活;

(3)每月对连接口进行检漏,查看是否有漏气现象;

(4)每年打开切断阀及其执行机构清洗;

(5)每3年对紧急切断阀进行大修,将非金属件全部更换;

(6)因漏气进行修理或进行零部件更换时,参照原阀门结构在清洁的场所进行(需先确认阀内已无压力后再作业);

(7)检修后必须做动作确认,并按规定做气密试验确认无泄漏后再投入运行。

3. 气动紧急切断阀常见故障处理

1)阀瓣密封面损坏

引起阀瓣密封面损坏的原因是:设备调试前,没有对管路进行吹除,管路中还残留有焊接后的氧化皮、杂质。

预防办法:调试前对管路进行彻底的吹除,并在重要部件前加过滤器。

2)介质内漏

介质内漏的原因有:密封面破坏,夹入杂质。

处理办法:修复密封面和清洗杂质,防止内漏。

3)介质外漏

介质外漏的原因有:①紧急切断阀频繁开启、关闭,对密封填料造成磨损;②阀门在低温下遇冷收缩。

处理办法:将填料压紧螺母用力拧紧或者更换填料。

4)汽缸不动作

汽缸不动作的原因是:气源压力不正常,气源接头有泄漏,汽缸活塞发卡、活塞O形圈有损坏。

处理办法：检查气源压力表，在气源接头上抹泡泡，更换新的汽缸，更换新的O形圈。

5）汽缸发卡

汽缸发卡的原因是：汽缸内部有杂质，压缩空气中水分含量过多，导致汽缸内部损坏。

处理办法：保持气源管路干净、干燥。

4.1.2.4　止回阀保养及常见故障处理

1. 止回阀的安装要求

（1）在管线中不要使止回阀承受重量，大型的止回阀应独立支撑，使之不受管系产生的压力的影响。

（2）安装时，注意介质流动的方向应与阀体标识箭头方向一致。

（3）升降式垂直瓣止回阀应安装在垂直管道上。

（4）升降式水平瓣止回阀应安装在水平管道上。

（5）阀门宜存放在干燥室内，应轻放，内腔严禁杂质、异物、水分进入，产品表面不得有任何磕碰、划伤等缺陷。

（6）阀门与管道焊接时，应将阀盖拆开，将阀顶取出，使阀顶密封圈与阀体密封面脱离，防止焊接产生的高热传导给密封副造成密封副的损坏。

（7）管道焊接安装好后，应用干燥气体（无水分和油渍）彻底吹除管道内的焊渣和其他杂质。

（8）阀门与管道焊接时，必须拆开阀盖，将阀顶取出后，再进行焊接。

2. 止回阀常见故障处理

1）阀瓣打碎

引起阀瓣打碎的原因是：止回阀前后介质压力处于接近平衡而又互相“拉锯”的状态，阀瓣经常与阀座拍打，某些脆性材料（如铸铁、黄铜等）做成的阀瓣易被打碎。

处理办法：采用阀瓣为韧性材料的止回阀。

2）介质倒流

介质倒流的原因是：密封面破坏，夹入杂质。

处理方法：修复密封面和清洗杂质，防止倒流。

4.1.2.5　蝶阀安装及保养

1. 蝶阀安装要求

（1）在安装时，阀瓣要停在关闭的位置上；

（2）开启位置应按蝶板的旋转角度来确定；

（3）带有旁通阀的蝶阀，开启前应先打开旁通阀；

（4）应按制造厂的安装说明书进行安装，重量大的蝶阀，应设置牢固的基础。

2. 蝶阀保养要求

（1）定期对阀门连接处进行查漏。

（2）阀门阀杆部分应保持有油状态，以减少摩擦，防止咬住，保证启闭灵活；不经常启闭的阀门，每月进行1次启闭操作；每半年对阀门进行启闭操作测试；阀门的传动装置应每月加油。

(3)启闭阀门,严禁使用加力杆或阀门扳手,以防止扳断手轮、手柄或损坏密封面。

4.1.2.6 安全阀保养与常见故障处理

1. 安全阀功能要求

(1)必要的密封性。当被保护设备处于正常运行压力时,安全阀应保持必要的密封性。

(2)可靠的开启。安全阀的开启压力相对其整定压力的偏差应在标准或规范规定的范围内。

(3)稳定的排放。当阀进口压力继续升高到超过整定压力一定的数值时,安全阀应达到设计的开启高度,进入排放状态。

(4)适时的关闭。由于安全阀的排放而使设备和系统中的压力降低之后,安全阀应适时关闭。

(5)关闭后的密封。安全阀关闭后,应有效地阻止介质继续流出,并重新达到密封状态。

2. 安全阀安装要求

(1)在管线中不要使安全阀承受重量,大型的安全阀应独立支撑,使之不受管系产生的压力的影响。

(2)安装时,注意介质流动的方向应与阀体标识箭头方向一致。

(3)弹簧式安全阀应安装在垂直管道上。

(4)阀门宜存放在干燥室内,应轻放,内腔严禁杂质、异物、水分进入,产品表面不得有任何磕碰、划伤等缺陷。

(5)阀门与管道焊接时,应松开接头螺母,使接头与阀座脱离,防止焊接产生的高热传导给密封副造成密封副的损坏;靠近阀门的管子使用管钳,而阀门本身则使用普通扳手。

(6)管道焊接安装好后,应用干燥气体(无水分和油渍)彻底吹除管道内的焊渣和其他杂质。

(7) 除非在制造厂或实际装置上进行准确的调整,否则均不得对安全阀进行任何调整。

(8)容器内有气、液两相物料时,安全阀应装在气相部分。

(9)安全阀用于泄放可燃液体时,安全阀的出口应与事故储罐相连。当泄放的物料是高温可燃物时,其接收容器应有相应的防护设施。

(10)一般安全阀可就地放空,放空口应高出操作人员 1 m 以上且不应朝向 15 m 以内的明火地点、散发火花地点及高温设备。室内设备、容器的安全阀放空口应引出房顶,并高出房顶 2 m 以上。

(11)当安全阀入口有隔断阀时,隔断阀应处于常开状态,并要加以铅封,以免出错。

3. 安全阀常见故障处理

1)频繁起跳

安全阀的频繁起跳(频跳)是一种阀门高频反复开启关闭的现象。安全阀频跳时,一般来说密封面只打开其全启高度的几分之一或十几分之一,然后迅速回座并再次起跳。频跳时,阀瓣和喷嘴的密封面不断高频撞击会造成密封面的严重损伤。如果频跳现象进一步加剧,还有可能造成阀体内部其他部分甚至系统的损伤,后果如下:

(1)导向平面由于反复高频摩擦造成表面划伤或局部材料疲劳失效。

(2)密封面由于高频碰撞造成损伤。

(3)由于高频震颤造成弹簧失效。

(4)由频跳所带来的阀门及管道震颤可能会破坏焊接材料和系统中的其他设备。

(5)由于安全阀在频跳时无法达到需要的排放量,系统压力有可能继续升高并超过最大允许工作压力。

一般频跳的原因有以下两种:

(1)系统压力在通过阀门与系统之间的连接管时压力下降超过3%。

当阀门处于关闭状态时,阀门入口处的压力是相对稳定的。阀门入口压力与系统压力相同。

当系统压力达到安全阀的起跳压力时,阀门迅速打开并开始泄压。但是由于阀门与系统之间的连接管设计不当,造成连接管内局部压力下降过快(超过3%),使阀门入口处压力迅速下降到回座压力而导致阀门关闭。因为安全阀开启后没有达到完全排放,系统压力仍然很高,所以阀门会再次起跳并重复上述过程。

连接管压降高于3%的原因有多种,阀门与系统间的连接管内径小于阀门入口管内径,存在严重的涡流现象,连接管过长而且没有做相应的补偿(使用内径较大的管道),连接管过于复杂(拐弯过多,甚至在该管上开口用作他途,在一般情况下安全阀入口处不允许安装其他阀门)等。

(2)安全阀的额定排量远远大于所需排量。

由于所选的安全阀的喉径面积远远大于所需,安全阀排放时过大的排量导致压力容器内局部压力下降过快,而系统本身的超压状态没有得到缓解,使安全阀不得不再次起跳。

2)阀门拒跳

当系统压力达到安全阀的起跳压力时,阀门不起跳的现象是阀门拒跳。安全阀拒跳的原因有多种:

(1)阀门整定压力过高。

(2)阀门内落入大量杂质,从而使阀座和导套间卡死或摩擦力过大。

(3)弹簧之间夹入杂物,使弹簧无法被正常压缩。

(4)阀门安装不当,使阀门垂直度超过极限范围(正负两度),从而使阀杆组件在起跳过程中受阻。

(5)排气管道没有被可靠支撑或由于管道受热膨胀移位,从而对阀体产生扭转力,导致阀体内机构发生偏心而卡死。

处理办法:设定合理的整定压力;保持管路的清洁和安装位置的正确性。

3)排放后阀瓣不回座

排放后阀瓣不回座主要是弹簧弯曲,阀杆、阀瓣安装位置不正或被卡住造成的,应重新装配。

4)泄漏

在设备正常工作压力下,阀瓣与阀座密封面之间发生超过允许程度的渗漏,其原因及处理方法如下:

(1)阀瓣与阀座密封面之间有脏物。可使用提升扳手将阀开启几次,把脏物冲去。

(2)密封面损伤。应根据损伤程度,采用研磨或车削后研磨的方法加以修复。

(3)阀杆弯曲、倾斜或杠杆与支点偏斜，使阀芯与阀瓣错位。应重新装配或更换。

(4)弹簧弹性降低或失去弹性。应采取更换弹簧、重新调整开启压力等措施。

5)排气后压力继续上升

排气后压力继续上升主要是因为选用的安全阀排量小于设备的安全泄放量，应重新选用合适的安全阀；阀杆中线不正或弹簧生锈，使阀瓣不能开到应有的高度，应重新装配阀杆或更换弹簧；排气管截面面积不够，应采取符合安全排放面积的排气管。

6)不到规定压力开启

不到规定压力开启原因：定压不准；弹簧老化弹力下降。

处理方法：应适当旋紧调整螺杆或更换弹簧。

4.2 LNG储罐

4.2.1 LNG储罐介绍

LNG储罐是用于储存LNG的压力容器，必须具备良好的耐低温性能和优良的保冷性能，所以通常设计为双层结构，内罐要求耐低温，一般选用奥氏体不锈钢、不锈钢薄膜或铝合金等材料；外罐要求具备一定的强度，一般选用碳钢或者预应力混凝土；内外罐夹层可抽成真空并填充高性能的保冷材料，如膨胀珍珠岩、弹性玻璃纤维毡及泡沫玻璃砖。

LNG储罐分类标准有很多，可按照容积大小、隔热形式、形状、储罐位置、储罐材料等进行划分。

4.2.1.1 LNG储罐分类

1.按容积分类

(1)小型储罐：容量5~50 m^3，常用于民用LNG汽车加注点及民用燃气液化站等。

(2)中型储罐：容量50~100 m^3，多用于卫星式液化装置、工业燃气液化站。

(3)大型储罐：容量100~1 000 m^3，适用于小型LNG生产装置。

(4)大型储槽：容量10 000~40 000 m^3，用于基本负荷型和调峰型液化装置。

(5)特大型储罐：容量40 000~200 000 m^3，用于LNG接收站。

2.按隔热形式分类

(1)真空粉末隔热储罐：多用于小型固定式LNG储罐。

(2)正压堆积隔热储罐：多用于大中型LNG储罐和储槽。

(3)高真空多层隔热储罐：多用于LNG槽车储罐。

槽车储罐及缠绕式隔热层见图4-20。

3.按形状分类

1)球罐

球罐(见图4-21)一般用于中小容量的储罐，但有些工程的大型LNG储槽也有采用球罐的。内外罐均为球状，多为200~1 500 m^3，工作压力为0.2~1.0 MPa。

球罐优点：相同容积条件下，球体具有最小的表面积，设备的净重最小；传热面积最小；球形具有最佳的耐内外压的性能。

图 4-20　槽车储罐及缠绕式隔热层

图 4-21　球罐

球罐缺点:加工成型需要专用工具,加工精度难以保证;现场组装技术难度大,质量难以保证;球壳虽然净重较小,但成型时材料利用率最低。

2)圆柱形罐

圆柱形罐(见图 4-22)广泛用于各种容量的储罐和储槽。

图 4-22　圆柱形罐

其中有一种特别的子母罐(见图 4-23),是由 3 ~ 7 只子罐并列组装于大型外罐(又称母罐)中,满足储存大容量储液的要求。

子罐通常为立式圆筒形,外罐为立式平底拱盖圆筒形。由于外罐形状尺寸过大等,不耐外压而无法抽真空,外罐为常压罐。隔热方式为粉末(珠光砂)堆积隔热。

单只子罐的几何容积为 200 ~ 250 m^3。单只子罐的容积不宜过大,过大会导致运输吊装困难。子罐的数量通常为 3 ~ 10 只,可组建 600 ~ 2 500 m^3的大型储罐。子罐可以设

图 4-23　子母罐

计成压力容器,最大工作压力可达 1.8 MPa,通常工作压力为 0.2 ~ 1.0 MPa,根据用户使用压力而定。

4. 按储罐位置分类

1) 地上型储罐

地上型储罐见图 4-24(a)。

2) 地下型储罐

地下型储罐见图 4-24(b),包括半地下型、地下型、地下坑型三种储罐类型。

(a) 地上型储罐　　(b) 地下型储罐

图 4-24　地上型与地下型储罐

5. 按材料分类

1) 双金属储罐

双金属储罐(见图 4-25)内罐和外壳均用金属材料。一般内罐采用耐低温的不锈钢或铝合金,如 0Gr18Ni9、X5Cr18 - 10 等。外壳采用黑色金属,目前采用最多的是压力容器用钢,如 Q345R、16MnR 等。

2) 钢筋混凝土预应力储罐

钢筋混凝土预应力储罐(见图 4-26)指大型储槽采用预应力混凝土外壳,而内筒采用耐低温的金属材料。

3) 薄膜型储罐

薄膜型储罐(见图 4-27)指内筒采用厚度为 0.8 ~ 1.2 mm 的 36Ni 钢(又称殷钢)的储罐。槽船的储槽会使用此种形式。

4.2.1.2　LNG 双金属罐

LNG 双金属罐是 LNG 储配站、汽化站最为常见的储罐形式,它一般以 16MnR 作为外罐材料,以奥氏体不锈钢作为内罐材料。

图 4-25　双金属储罐

图 4-26　钢筋混凝土预应力储罐

图 4-27　薄膜型储罐

LNG 双金属罐的结构形式为双圆筒真空粉末绝热的低温液体容器，夹层内充填珠光砂并抽真空，同时设置有可延长真空寿命的吸附室，此外设备还配置有操作方便的仪表阀门，供就地检测用的液位、压力仪表。

LNG 双金属罐工艺结构见图 4-28。

LNG 储罐铭牌见图 4-29。

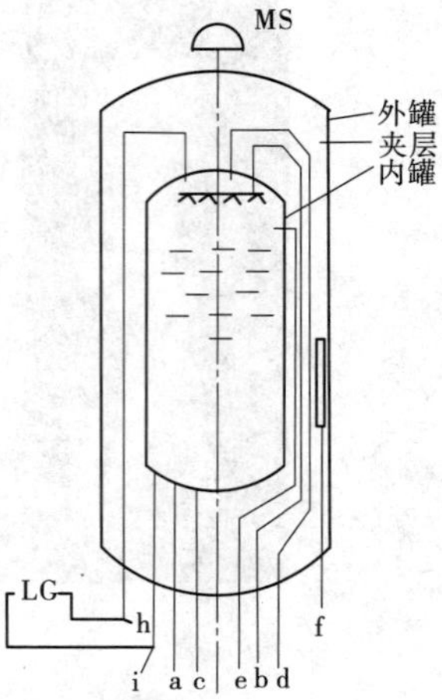

a—下进液管;b—上进液管;c—出液管;d—气相管;e—测满管;f—抽、测真空装置;
h—气相取压管;i—液相取压管;MS—爆破片;LG—液位计

图 4-28　LNG 双金属罐工艺结构

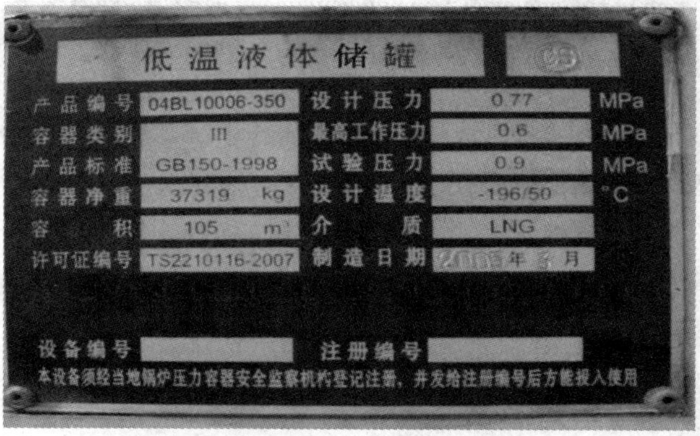

图 4-29　LNG 储罐铭牌

4.2.2　LNG 储罐保养及常见故障处理

4.2.2.1　LNG 储罐的保养要求

1. LNG 低温储罐的日常维护保养

(1)阀门开关状态正常;

(2)阀门无漏气(液);

(3)BOG 自力式调节阀启跳正常;

(4)流量调节阀和紧急切断阀的阀位与自控室一致;

(5)法兰连接处无漏气(液);

(6)储罐无异常响声或冒汗现象;

(7)储罐引压管连接处无漏气(液)和引压阀处无结霜;

(8)保冷管道表层无结霜(露水);

(9)储罐压力(液位)波动正常。

2. LNG 低温储罐月度及季度检查

(1)地基是否下沉;

(2)支座螺栓是否松动;

(3)压力表、变送器、液位计工作是否正常(液位计每两月进行一次排污);

(4)是否按要求定期吹扫引压管;

(5)根部阀是否漏气;

(6)定期清理检测口、喷淋口;

(7)外观是否变形、结霜;

(8)储罐外表面和连接管有无结霜、冒汗现象;

(9)真空检查孔盖内有无积水、检查孔是否锈蚀。

3. LNG 低温储罐半年及年度检查维护保养

(1)每半年对真空检测孔进行 1 次检查;

(2)每半年对压力表进行校验;

(3)每两年对储罐真空度进行 1 次测量检查,储罐真空度检测封堵真空度≤5 Pa;

(4)每年对储罐垂直度进行检查,储罐垂直度允许偏差≤50 mm;

(5)每年对液位计、安全阀进行校验。

4.2.2.2　LNG 储罐常见事故处理

LNG 储存过程中,因其易燃易爆、低温性、沸点低、会分层等性质,可造成多种事故,其最大的危险在于绝热性能下降,因为 LNG 是低温深冷储存,一旦绝热性能下降,储罐压力剧增,会造成储罐破裂事故。

1. 燃爆事故的预防及处理

LNG 燃烧爆炸会引起人身伤害和财产损失,从燃烧三要素(可燃物、助燃物及点火源)角度考虑,可以采取隔离火源的方式来预防火灾和爆炸的发生。

可能成为场站的点火源的因素有明火、无遮挡的强光、点燃的香烟、电火花(电力设备、手机通话)、物体撞击发出的火花(工具或零件掉落、钉鞋摩擦)、静电(尼龙类衣物、流体在管道中摩擦)、高温表面、发动机排气等。

可采取的预防措施有场站分区、强化检查、设立警戒标识、监测系统、加强培训、配备劳保用品、使用防爆工具、增强消防设施、加强站前检查、做好进站教育、给设备进行跨接、设置静电泄放扶手、控制气体流速等。

2. 低温事故的预防及处理

LNG 的低温性会造成人体的冻伤和麻醉,也会使管线因快速收缩而脆化断裂,还会造成汽化器汽化率下降。

为防止出现人体冻伤事故,可以采取穿戴防冻劳保用品、加强工人技术培训、重点区域标记检查、加强工人日常安全教育、在易漏点设置挡板、EAG 集中放散等措施预防,如出现冻伤事故,应用 40 ℃左右的温水浸泡冻伤处,严禁直接撕去粘在皮肤上的衣物。

针对人体麻醉的问题,最好的方法是不要长时间静止在 10 ℃以下的环境,可保持运动或每半小时去温度高的地方缓冲一下,如出现麻醉现象,应迅速转移到高温区域并用热水浴的方式恢复体温。

为防止管线快速降温造成的脆化断裂，一般在 LNG 液体进入管线前应用低温气体（如 BOG）对管道进行预冷。

LNG 的低温性还会造成汽化器表面结冰，导致热传递效率降低，汽化率也随之降低，为防止此种情况出现，一般采取汽化器分批轮班工作的方法。

3. 超压事故的预防及处理

LNG 因其沸点低、吸热极易汽化产生 BOG（蒸发气体），随着 BOG 的不断积累，如果没有相应的泄放措施，有可能引起管道和储罐超压破裂的危险；同样，LNG 发生翻滚或 LNG 充装量过大也会引起储罐超压。

预防储罐超压的最直接措施是储罐的超压三级安全保护装置：第一级是设置自动减压阀，一旦罐压达到上限就自动起跳排放到 BOG 回收管线上，直至压力减小到回座压力；如果自动减压阀失效未起跳泄压，储罐压力继续上升，到一定程度时储罐压力报警器会报警，此时运行工可通过手动减压阀进行减压，这是第二级措施；如果压力报警器未报警或运行工未手动减压，压力持续上升，到一定程度后第三级措施（安全阀）会自动起跳，将 BOG 通过 EAG 管线直接排放到大气中，实现减压。由此可以看出，减压调节阀设定开启压力 < 储罐报警压力 < 安全阀开启压力。

此外，还可以通过定期检查储罐（要求日蒸发率≤0.3%）；熟悉运行工艺，正确操作储罐阀门；监控液位（液位计、测满管、变送器）；控制储罐充装量（高限报警，罐容的 85%；紧急切断，罐容的 95%；低限报警，罐容的 10%。前两种为了防止超压，最后一种为了防止储罐升温变成热罐，否则每次充装前都要预冷储罐）等措施进行储罐超压的预防。

4. 翻滚事故的预防及处理

LNG 储存时，因各组分吸热出现不同程度的蒸发，导致 LNG 组分比例和密度发生变化的现象叫老化，如果氮含量较多，则其蒸发后 LNG 整体密度减小，但一般液氮含量很小，故密度变大 。

LNG 的老化一般不太容易造成 LNG 分层现象（LNG 液体不同液位出现明显密度差），因为 LNG 在储存时不断从外界吸收热量，会自然对流，达到自身混合的效果，但当氮含量超过 1% 时，仍有可能造成分层。

造成 LNG 分层的主要原因是新充 LNG 与罐内原 LNG 温度不同、密度不同、组分不同。

为检测 LNG 是否发生分层，可通过监测上下液位温度（3 m 间隔 14 ℃温差，则表示已经出现分层）、监测密度差或热值差、监测 BOG 产生速度（速度明显变慢，则表明分层发生）等措施实现。

通过监测 BOG 产生速度，可以判断是否发生分层的原因是：没发生分层之前，沿罐壁的 LNG 吸热后会上升并蒸发，分层后下层的沿罐壁的 LNG 吸热后只能在本层对流，并不能蒸发，所以 BOG 产生速度会变慢。

分层后密度较大的 LNG 层因不断吸热膨胀且无法释放导致过热且密度减小，当其密度减小到与相邻上层 LNG 相当时两层迅速混合，过热的下层 LNG 就会迅速汽化，出现类似强烈沸腾的现象，该现象叫作翻滚，又叫涡旋，它会造成短时间产生大量 BOG，导致储罐超压甚至破裂。

预防翻滚的措施有多种，譬如LNG新旧液体分开储存；选择合适的充装方式（一般选择底部充装；从密度来判断，“新小旧大”则底充，“新大旧小”则顶充；从温度来判断，“新低旧高”则顶充，“新高旧低”则底充）；定期用泵循环储罐内的液体；减少旧LNG高度；减少混装LNG储存时间（72 h内）；控制LNG混装液位在较低水平；控制LNG混装液体储存压力；生产时减少含氮量等。

5. LNG造成的急冷和水击事故的预防

LNG在管道的顶部和底部形成温度梯度，导致管道本身出现不同的收缩速度，引起管道挠曲，这就是急冷现象。

水击是由于阀门的快速关闭、开启或停泵时产生一个瞬时的流体压力，致使流体的流速突然发生改变而造成的。

预防急冷出现的方法是管线预冷；预防水击出现的方法是减缓阀门开关速度。

6. 外筒体出现结霜、冒汗现象

可能的原因有：真空度下降，珠光砂下沉，内、外筒泄漏。

7. 压力表指示不准确

可能的原因有：压力表损坏、接头泄漏、压力表阀没打开或泄漏、管路堵塞。

8. 液位计不准确

可能的原因有：液位计损坏，泄漏、堵塞。

9. 其他故障处理要求

（1）外筒为外压真空容器，禁止在负压条件下在外筒体上施焊。

（2）更换的安全附件及其他零件应与产品所带零件具有相同的特性和质量。

（3）严禁敲打或用火烘烤冻结部位，也不得用水喷淋这些部位，正确的加热方法应是用热空气加温解冻。

（4）装卸作业时，系统管路及罐体内的氧含量均应小于2%。

4.3　LNG汽化器

LNG汽化器（见图4-30）是将液态天然气加热直到汽化（变成气体）的设备，加热过程可以是间接的，也可以是直接的。

图4-30　LNG汽化器

4.3.1 LNG汽化器介绍

4.3.1.1 LNG汽化器分类

根据LNG汽化传热的媒体,汽化器可分为以下几类。

1. 环境汽化器

环境汽化器是指汽化装置的热源来自于自然界,如大气、海水、地热水。

2. 加热汽化器

加热汽化器是指汽化装置的热源来自于燃料燃烧,电力、锅炉或内燃机废热。加热汽化器有整体加热汽化器和远程加热汽化器两种类型。整体加热汽化器采用热源整体加热法使低温液体汽化,最典型的即是浸没式燃烧汽化器。远程加热汽化器中的主要热源与实际汽化交换器分开,采用某种流体(如水、水蒸气、异戊烷、甘油)作为中间传热介质,由中间介质与LNG换热,使LNG汽化。

3. 工艺汽化器

工艺汽化器是指汽化器的热量来源于另外的热动力过程或汽化过程,或有效利用液化天然气的制冷过程。实际上,在各种LNG冷能利用的综合流程,如发电、化工、空气分离等流程中,将需要排出热量的过程与LNG的吸热汽化过程结合起来,可以节约用于LNG汽化的能量,同时使各工艺过程的能量利用效率得到提高。

迄今为止,所有曾被使用过的LNG汽化器类型有开架式汽化器(ORV)、浸没式燃烧汽化器(SCV)、管壳式汽化器(STV)、中间流体式汽化器(IFV)、空温式汽化器、强制通风式汽化器、强制空气循环式汽化器、真空蒸气式汽化器(VSV)、中间媒介空温式汽化器及热水浴式汽化器等。

4.3.1.2 LNG汽化器适用场合

中小型规模LNG汽化站所使用的高、中压汽化器基本上选用国内产品,以空温式汽化器为主,这是出于降低运行成本的考虑,特别是华南地区,气温较高,较适合选用此类汽化器。对于大型LNG汽化站,目前使用较多的是开架式汽化器(ORV)和浸没式燃烧汽化器(SCV)。对毗邻大海的LNG站,ORV型汽化器是首选。其他以事故应急供气为主的大规模LNG站,则适合选用浸没式燃烧汽化器、热水浴式汽化器。

4.3.1.3 空温式汽化器

空温式汽化器(见图4-31、图4-32)将大气环境作为热源,通过性能良好的LF21星型管进行热交换,使各种低温液体汽化成一定温度的气体(一般要求不低于环境温度5℃)。空温式汽化器的应用见图4-33。

图4-31 空温式汽化器(一)

图4-32 空温式汽化器(二)

图 4-33　空温式汽化器的应用

空温式汽化器主要由星型翅片导热管、液气导流管、支架、底座、进出口接口等部件组成。星型翅片导热管有八翅对称，材料选用 LF21 防锈铝合金，坚固耐用、耐腐蚀、耐风化，汽化效果好。液气导流管材料选用 T2M 紫铜管，耐高压、耐冲击。底座支架材料选用角型 LF21 防锈铝合金，坚固耐用、耐腐蚀。空温式汽化器的结构见图 4-34。

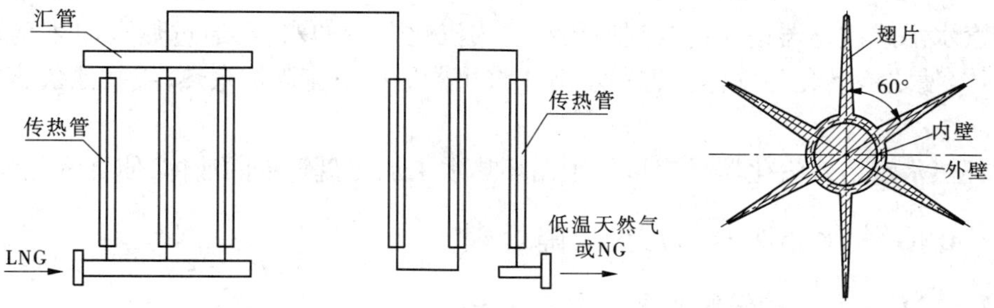

图 4-34　空温式汽化器的结构

空温式汽化器因其节能性能，一般作为汽化站的主汽化器，同时也可作为储罐自增压器、卸车增压器、BOG 加热器以及 EAG 加热器使用。

4.3.1.4　水浴式汽化器

水浴式汽化器（见图 4-35）的加热源为热水，属远程加热器。水浴式汽化器通常由壳体和换热管组成，壳程走热水，管程走 LNG，通过传热、能量交换，使 LNG 由低温变成较高温度并汽化或由低温天然气变成较高温度的天然气，完成换热过程。这种传热介质的布置特点是，能使管程内的低温介质吸收到最大的热量而升高温度，而壳程内的热水温度会下降，而且壳体所受压力较低，比较安全。水浴式汽化器的结构见图 4-36。

一般 LNG 储配站中该汽化器通常放于空温式汽化器后序工段，用于 LNG 汽化后的升温或特殊情况下（如空温式汽化器发生故障，停止工作）直接汽化 LNG 时使用。一般热水进水温度约 80 ℃，出水温度约 65 ℃。

水浴式汽化器分为三种：一种是电加热水浴式汽化器，另一种是蒸气水浴式汽化器，第三种是循环热水水浴式汽化器。它们都是把液态的气体经过水浴式汽化器的 60 ~ 70 ℃的加温从液态转换为气态，使供气量充足，压力稳定。

电加热水浴式汽化器是通过电能加热水浴式汽化器中的水，再通过热水加热盘管中通过的液态气体,使之能转化为气态的气体。这种水浴式汽化器消耗能源比较多。

图 4-35 水浴式汽化器

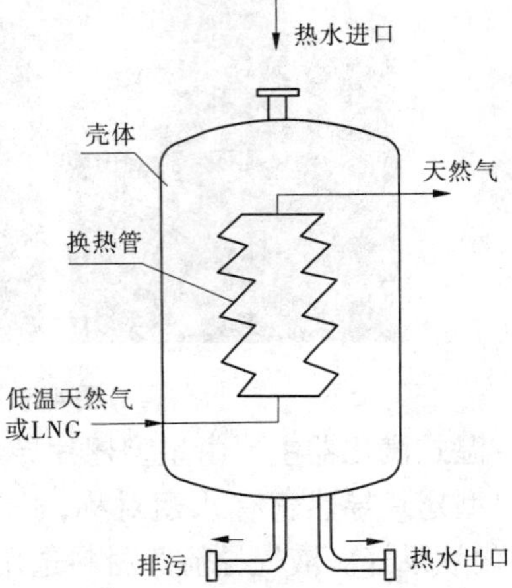

图 4-36 水浴式汽化器的结构

蒸汽水浴式汽化器是通过蒸汽加热水浴式汽化器中的水,再通过热水加热盘管中通过的液体,使之能转化为气体。这种水浴式汽化器适用于有锅炉余热,或其他余热的用气单位。

循环热水水浴式汽化器是直接使用循环热水来加热盘管中的液体,使之汽化为气体。

4.3.2 LNG 汽化器保养与常见故障处理

4.3.2.1 LNG 汽化器的保养及使用要求

1. 空温式汽化器日常保养

(1)应及时检查地基是否下沉。

(2)应及时检查法兰连接处是否有漏气、螺栓是否松动。

(3)应及时检查翅片是否变形。

(4)应及时检查汽化器焊接口是否有漏气。

(5)应及时检查汽化器连接低温管道保温层有无结霜、漏冷现象。

(6)汽化器运行过程中,应定时(每小时 1 次)检查汽化器表面的结霜甚至结冰情况。如果某处或某段传热管的结霜(结冰)比其他部位严重,应仔细检查是否有泄漏点。

(7)运行过程中,应检查汽化器的出口温度及压力,并形成记录。

(8)应及时检查汽化器的进口截止阀、紧急切断阀、出口安全阀的完好状况,当出现泄漏等异常情况时应及时消除。

(9)应及时检查(每周 1 次)汽化器基础的耐低温及牢固情况,保证基础不破损,牢固可靠。

(10)经常测试汽化器使用组和备用组的自动切换、人工切换的可靠程度。

(11)对汽化器运行过程中发现的问题,应在停机后处理,并形成记录。

2. 空温式汽化器使用要求

(1)使用前,先拆下装箱中用于密封法兰口的不锈钢波齿垫片,重新组装好进出口法兰和紧固件并做气密性试验，试验压力为最高工作压力，保压60 min不得泄漏，试压气源应是无油、干燥的空气或氮气。

(2)使用前，应用干氮气对管内进行吹除，直到排出气体满足纯度要求后方可投入使用。

(3)汽化器出口管道上应设置安全阀，其开启压力应与汽化器所在系统保持一致。

(4)工作时，先缓开进出口阀，当翅片管外出现霜雾时，可逐渐开大进出口阀，汽化量及出口温度达到要求后即可稳定工作。

(5)如发现汽化器被油污染，应对换热管进行清洗，清洗方法如下：

①用60~80 ℃热水清洗；

②用无油、干燥空气吹除9~15 min；

③用二氯乙烷清洗，清洗时必须戴上防毒面具；

④药剂洗后，用无油、无沉淀的清水清洗，直到水中无药剂气味为止；

⑤用无油空气吹扫1 h。

(6)汽化器应安装在通风良好的地方，不得置于低洼、潮湿之处，且连续工作时间尽量不超过6 h，以免影响换热效果。

(7)任何空温式汽化器均受环境温度和连续使用时间的限制，否则结霜会越来越厚，严重影响传热效果，因此建议：

①气温较低时，不宜长时间使用。

②出口温度偏低时，可减少汽化器的汽化量。

③如确需在气温低时长期使用，且需保证额定汽化器和较高的出口温度，建议选型时要有足够的余量。

④可用热空气对翅片管表面的结霜进行吹扫，以提高换热效果。

3. 水浴式汽化器保养及使用要求

(1)经常检查汽化器的进水量及水温，其应满足汽化的技术要求，加热水应为软化水。

(2)经常检查汽化器的出口压力、出口温度，其应符合要求。

(3)经常检查进出口接管、阀门(含安全阀)及压力表的完好情况。

(4)经常检查汽化器外表面的防腐层状况，对出现片状腐蚀等不符合要求的情况，应及时进行防腐处理。

(5)经常对汽化器的基础进行检查，保证牢固可靠。

(6)对运行维护过程中发现的问题应及时处理，并形成记录。

4.3.2.2　空温式汽化器问题处理作业指导书示例

空温式汽化器问题处理作业指导书

1　故障现象

法兰泄漏、汽化器本体缺陷。

2　可能出现的危险

可能造成人员灼伤、火灾，影响正常供气。

3　关键控制点

空温式汽化器及附件。

4　工具材料准备及安全防护设施配置

防爆扳手、防护服、防冻手套、防护鞋、检漏仪1部、防爆对讲机2部。

5　主要人员

现场操作人员2名、维修工1名、控制室监控人员1名。

6　作业气候、环境要求

全天候。

7　作业流程

作业流程	1. 法兰泄漏：	
	关闭上下端阀门，放散，恢复常温后紧固处理，如不能修复，则更换垫片	是□　否□
	2. 本体缺陷（泄漏）：	
	（1）应关闭上下端阀门，放散，及时上报并通知厂家，等待处理	是□　否□
	（2）做好置换、监护方案，并经相关人员讨论通过	是□　否□
	（3）填写动火申请书，办理动火申请	是□　否□
	（4）厂家或其他专业施工人员到现场后，应积极配合看现场、介绍情况	是□　否□
	（5）施工人员做好施工方案，方案经相关人员讨论通过后，方可用于施工	是□　否□
	（6）动火前必须办好动火证；施工前应对汽化器、管道进行彻底置换，并用氮气保护；施工时，严格遵守置换、监护及施工方案	是□　否□
	（7）施工结束，经检查，确认合格后，施工人员、监护人员、设备才可撤离现场	是□　否□

8　安全注意事项

8.1　巡检时要细心、负责，及时发现、处理问题，避免事态进一步扩大。

8.2　根据实际情况，有计划、合理地切换汽化器，使其处于最佳运行状态。

8.3　冬季用气高峰，要及时清扫汽化器，使其发挥最大汽化能力，保证正常供气。

9　作业记录、总结

9.1　认真记录作业情况。

9.2　如出现问题应及时、详细地分析总结。

4.3.2.3　水浴式汽化器问题处理作业指导书示例

LNG站水浴循环系统作业指导书

1　作业名称

水浴系统。

2　作业关键控制点

锅炉、控制柜、水浴加热器、循环泵、水箱、阀门、调压箱、流量计。

3　工具材料准备及安全防护设施配置

防爆对讲机 2 部，万用表 1 个，电工工具 1 套，安全帽 2 顶，水靴 2 双，手套 2 副，黄油，浸油盘根。

4　主要人员

操作或维修工 2 名、电工 1 名、控制室监控人员 1 员。

5　作业气候、环境要求

站内无事故且生产需要。

6　作业流程

水浴系统操作	1. 拆下过滤器清洗干净后，安装恢复正常	是□　否□
	2. 将锅炉、管道、水浴加热器、水箱清洗干净	是□　否□
	3. 检查水浴系统的循环泵、过滤器、阀门，达到不漏水、开关灵活、运转正常（阀门开启状态）	是□　否□
	4. 将系统灌满符合要求的洁净水，让水箱内水位达到指定位置，并确认浮球阀开关正常	是□　否□
	5. 按需要调整好锅炉面板各功能开关的状态	是□　否□
	6. 打开控制柜，调整好变频器各参数（一般是变频器厂家根据实际需要设定）	是□　否□
	7. 将变频器调整到自动或手动状态	是□　否□
	8. 打开通向锅炉房的供气阀门，在调压柜处将锅炉房供气压力调整到 2 500 Pa 左右	是□　否□
	9. 合上循环系统电源开关，按下变频器开关，循环泵启动，确认电机由低速达到设定转速，运转正常	是□　否□
	10. 感知轴承温度正常，检查确认各接口处无漏水，循环系统正常	是□　否□
	11. 检查确认锅炉附件、电器、电路正常	是□　否□
	12. 合上锅炉电源、开关，锅炉开始燃烧，达到指定温度后，停止燃烧（锅炉为自动控制状态）	是□　否□
	13. 对锅炉供气管路进行检漏，发现漏点及时处理	是□　否□
	14. 给流量计注油，保证正常计量	是□　否□
	15. 合上除垢仪电源开关，使其正常工作	
	16. 在现场仔细观察水浴系统运转情况，待系统稳定后，系统开启操作完成	是□　否□
	17. 停止运行时，应遵循以下顺序：	
	（1）关闭锅炉开关、锅炉电源、锅炉房供气阀（可同时放散掉供气管道内的天然气）	是□　否□
	（2）关闭变频器开关、变频器电源	是□　否□
	（3）关闭循环泵开关、循环泵电源	是□　否□
	（4）打开水浴加热器旁通阀，关闭水浴加热器前端阀（水浴加热器后端阀不能关闭，以免超压）	是□　否□
	18. 确认一切无误后，水浴系统操作完成	是□　否□

7　安全注意事项和应急措施

7.1　循环泵、变频器每月运转 1 次，锅炉两个月启动 1 次，每次运转 15 min 左右，保证水浴系统设备正常。

7.2　定期对系统所有设备、管道进行维护保养，保证系统正常。

7.3　当环境温度低于 5 ℃时，应启动水浴循环系统。

7.4　每年停止运行后，应对过滤器进行清理，保证过滤器清洁。

8　作业记录、总结

8.1　检查、维护、保养要及时记录。

8.2　发生故障应详细记录、分析原因，不能自行解决时立即上报并跟踪解决。

4.4　天然气过滤器

4.4.1　过滤器概述

过滤器是用来清除气体中的固、液态颗粒状杂质的，适用于各种燃气及其他非腐蚀性气体。

过滤分离按分离原理可分为碰撞式、凝聚式和渗透式。按分离形式可分为沉降分离、离心分离、凝聚分离、叶片分离和滤芯分离。在实际的过滤分离器中，往往是几种形式配合，数种分离原理共同作用。各式过滤器见图 4-37。

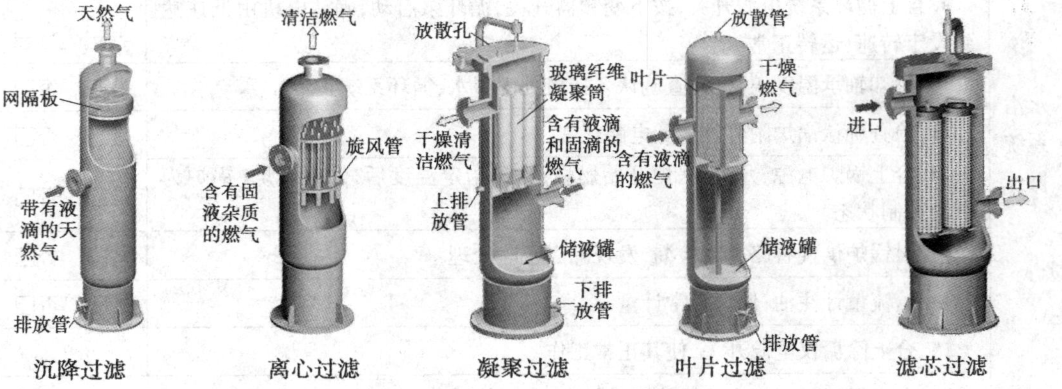

图 4-37　各式过滤器

按照安装形式划分，天然气场站中常用的燃气过滤器有立式过滤器和卧式过滤器两种（见图 4-38、图 4-39）。

4.4.1.1　立式过滤器

立式过滤器，又称标准燃气过滤器，一般指滤芯的轴线方向（安装方向）为竖直，即滤芯沿垂直方向装拆的过滤器。立式过滤器结构紧凑、占地面积小，但过滤器操作维护（滤芯装拆）不很方便。

气体从过滤器进口管进入筒体内，气体中较大杂质颗粒（包括液态杂质颗粒），在滤芯支撑面与筒体发生碰撞，改变流向，由于重力作用下降至筒体底部集污腔内，同时气体

图 4-38　立式过滤器

图 4-39　卧式过滤器

流通面积增大，流速减小，通过滤芯组件，滤芯将细小的颗粒完全抵挡在外表面，过滤后的洁净气体由滤芯内部穿出，从过滤器的出口管流出。滤芯为表面褶皱式，内部各材料间隙是逐渐减小的，需要逐层穿过才能到达过滤器的出口腔。该类型过滤器一般安装 1 ~2 个滤芯，其安装数量由处理量和工作压力决定；滤芯的材料一般为聚酯纤维和不锈钢丝网，滤芯的精度决定了去除杂质的最小直径。立式过滤器结构见图 4-40。

图 4-40　立式过滤器结构

4.4.1.2　卧式过滤器

卧式过滤器一般指滤芯的轴线方向（安装方向）为水平，即滤芯沿水平方向装拆的过滤器。卧式过滤器操作、维护方便，但占地面积较大。卧式过滤器及其结构见图 4-41。

卧式过滤器一般分三级过滤。

第一级：重力沉降分离原理。气流从过滤器进口导管进入筒体，对壳体表面或滤芯支架的冲击使气体减速，受重力影响，较大颗粒被分离出来，沉降到过滤器底部集污腔内，在过滤器底部设置排污阀，用于排放过滤掉的杂质，保证过滤器能正常工作。

第二级：利用滤芯渗透过滤原理。过滤原件的类型和过滤精度等级要根据工作条件来决定，其目的是除去最小的固体颗粒，滤芯把最小固体颗粒完全隔绝在外表面；过滤后的洁净气体由滤芯内部传出，进入滤芯支撑管内部再进入过滤器出口腔，由出口管流出；出口腔和第一级是完全分隔的两个腔体，确保了出口腔气体与进口腔的完全隔离，出口侧同时设置了排污阀，用于出口腔排污和设备维护时的排污；滤芯为表面褶皱式，内部各材

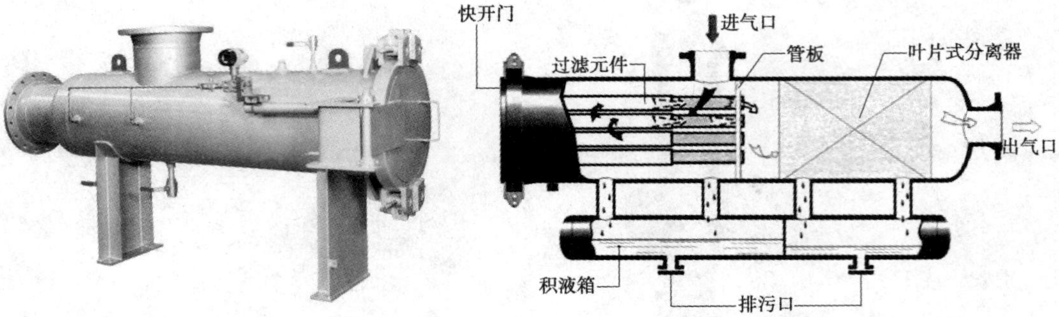

(a) 卧式过滤器实物　　(b) 卧式过滤器结构

图 4-41　卧式过滤器实物及结构

料间隙是逐渐减小的，需要逐层穿过才能到达过滤器的出口腔。该类型过滤器的滤芯精度、安装数量由处理量和工作压力决定；滤芯的材料一般为聚酯纤维和不锈钢丝网，滤芯的精度决定了去除杂质的最小直径。

第三级：利用叶片分离原理。这一级是一个叶片分离器，其目的是除去液体颗粒。

4.4.2　过滤器的保养及常见问题处理

4.4.2.1　立式过滤器的保养及滤芯更换

1. 立式过滤器保养要求

(1)过滤器的排污阀通常处于关闭状态。

(2)经常对过滤器进行在线检查。注意以下情况：

①过滤器上压差计或压差变送器显示读数是否达到 450 mbar；

②过滤器本体、焊缝、焊接接头等有无泄漏、裂纹、变形；

③过滤器外表面有无油漆剥漏、起皮、锈蚀等；

④有无漏气声、异常气味、异常震动、噪声；

⑤支承或支座有否损坏、开裂、倾斜、紧固件松动；

⑥运行是否稳定，有无其他故障发生。

(3)过滤器应定期排污、排水。设备正常运行后，每个月应该至少进行一次排污、排水。

2. 立式过滤器的滤芯更换

(1)当过滤器上压差计或压差变送器显示读数达到 450 mbar 时，应清洗或更换过滤器滤芯(见图 4-42)。

(2)关闭立式过滤器，打开过滤器防尘盖。

(3)拧去法兰盖上的螺栓螺母，打开法兰盖(顺时针旋转升降螺母将使法兰盖升高，然后转至另一侧)。

(4)取下密封垫片，清理法兰上及法兰盖上的密封垫片残余，注意防止密封垫片残余进入过滤器筒身内。

(5)拧下压盖螺母及垫圈，拆除压盖，拔除滤芯及隔圈(双滤芯时)。注意防止螺母垫

图 4-42　滤芯

圈落入过滤器内。

(6)检查过滤器内是否有异常,若有则应进行排除。

(7)装入新滤芯及隔圈(双滤芯时),滤芯内孔须套在托板凸圈上。

(8)装上压盖、垫圈与螺母,但不能拧得过紧,以免滤芯变形。

(9)装上密封垫片及法兰盖,盖上防尘盖。

4.4.2.2　卧式过滤器的保养及滤芯更换

1. 卧式过滤器保养要求

卧式过滤器保养要求与立式过滤器的相同。

2. 卧式过滤器的滤芯更换

当过滤器上压差计或压差变送器显示读数达到 450 mbar 时,应清洗或更换过滤器滤芯,通常先关闭卧式过滤器,开启快开盲板,具体步骤如下:

(1)确认过滤器已关闭。

(2)确认过滤器内压泄放完毕,安全连锁装置阀杆已自动缩回后,松开止动螺母,若无气体从小孔中排出,则可拧下止动栓;否则,说明容器内还有内压,应通过排放口继续泄压。

①卸下上端主螺栓上方的安全螺栓及下端主螺栓下方的安全螺栓。

②套上快开门专用扳手,上、下均匀地旋松主螺栓。

③直至松开足够位置,使门可以打开。

(3)取出滤芯进行清洗或更换。清洗滤芯时,先清除块状污物,再用工业吸尘器清理,也可反向洗涤。若发现滤芯损坏或清洗后的滤芯压降还不正常,则考虑更换滤芯。

(4)将清洗过或更换的滤芯装回过滤器,拧紧螺栓。

(5)仔细清洁快开盲板 O 形圈凹以及密闭盖、高颈配合部位表面,检查 O 形圈是否完好(必要时,更换新的 O 形圈),在 O 形圈槽内涂抹适量润滑油脂,正确装入 O 形圈。

(6)关闭快开盲板(关闭操作与打开时相反)。

4.4.2.3 过滤器排污及清洗滤芯作业指导书示例

过滤器排污及清洗滤芯作业指导书

1 作业名称

过滤器排污及清洗滤芯。

2 作业关键点控制

压力控制、排放量控制、天然气排空应注意防燃防爆。

3 工具材料准备及安全防护设施配置

防护手套2副、抹布2块、防护帽2顶、护目镜2副、托盘1个。

4 主要人员

作业人员2名。

5 作业气候、环境要求

无阴雨天，环境温度 -30 ~ -50 ℃。

6 作业流程

前期准备	作业人员按要求穿戴防护用品	是□ 否□
	工具、材料准备齐全	是□ 否□
	关闭过滤器前后阀门	是□ 否□
排污过程	先开启第一道排污阀	是□ 否□
	缓慢开启第二道排污阀	是□ 否□
	观察排污口是否有污物	是□ 否□
	待排污口无污物时，关闭排污阀	是□ 否□
更换滤芯过程	关闭过滤器前后阀门	是□ 否□
	关闭压差表	是□ 否□
	通过排污阀或放散阀卸至无压力	是□ 否□
	拧下顶盖上的安全螺栓后，拿掉锁扣	是□ 否□
	松开快开头两端的紧固螺栓	是□ 否□
	顺时针旋转升降螺母将法兰盖升高，然后转至另一侧	是□ 否□
	取下密封垫片，清理法兰上及法兰盖上的密封垫片残余，注意防止密封垫片残余进入过滤器筒身内	是□ 否□
	拧下压盖螺母及垫圈，拆出压盖，拔出滤芯及隔圈（双滤芯时）。注意防止螺母垫圈落入过滤器内	是□ 否□
	检查过滤器内有无异常，并排除之	是□ 否□
	装入新滤芯及隔圈（双滤芯时），滤芯内孔须套在托板凸圈上	是□ 否□
	装上压盖、垫圈与螺母，拧紧螺母，但不能拧得过紧，以免滤芯变形	是□ 否□
	装上密封垫片，盖上法兰盖	是□ 否□
	拧紧螺栓及螺母	是□ 否□
	按反向顺序把各部件连接安装好，需进行气密检查	是□ 否□
	置换这段管线至合格	是□ 否□
整理总结	记录好过滤器排污及滤芯更换的时间、参与人员、物料消耗台账	是□ 否□
	对过滤器排污及滤芯更换的过程进行总结、分析并改进	是□ 否□

7　安全注意事项或应急措施

7.1　作业人员应站在上风处；

7.2　保持空气流通；

7.3　严禁明火，严禁雷雨天操作。

4.5　燃气调压器

燃气调压器（见图4-43）俗称减压阀，在燃气输配系统中，是通过自动改变经调节阀的燃气流量而使出口燃气保持规定压力的设备，主要作用就是降压和稳压。

图4-43　燃气调压器

4.5.1　调压器概述

4.5.1.1　调压器的工作原理

在燃气输配系统中，所有调压器都是将较高进口压力降至较低出口压力并保持一定范围内的稳定，其基本工作原理是利用皮膜下腔压力（p_2，出口压力）与上腔压力（弹簧或重块的压力）的对比来实现阀口开度的调节，从而保证出口压力的稳定性。调压器基本工作原理见图4-44。

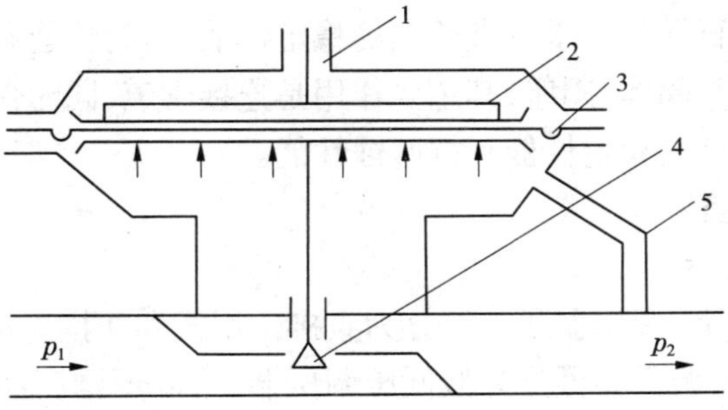

1—气孔；2—重块；3—悬吊阀杆的薄膜；4—阀芯；5—导压管

图4-44　调压器基本工作原理

例如,下游用气量减少导致下游管道气体聚集而压力逐渐上升(p_2 升高),则皮膜下腔压力上升,造成皮膜带动阀芯上行,阀口开度减少,气体通过量减少,下游气源供应量减少,出口压力就会逐渐回落,这就是调压器实现稳压的过程。

4.5.1.2 调压器的基本结构

调压器的基本结构如图 4-45 所示,包括敏感元件、控制元件、执行元件、围护元件、信号元件。

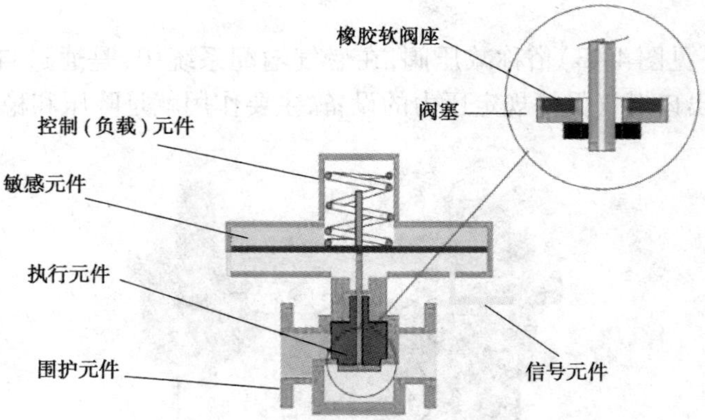

图 4-45 调压器的基本结构

敏感元件(皮膜)用以测量下游工况压力与要求的压力之间的差异。敏感元件的任何变动都将导致执行元件产生相应的动作。它是动态元件,要求具有长期的稳定性能、密封性能和一定的机械强度。

信号元件(导压管)用来传递下游压力给敏感元件。它属于静态元件,要求具有长期的稳定性能和抗腐蚀性能。

控制元件(给定压力部件)可以是重块、弹簧、指挥器等。敏感元件(皮膜)持续比较负载元件给出的调节力和经信号管传递来的下游压力,从而将得出的动作指令(打开或关闭)传递给执行元件阀瓣,经一定周期的动态过程,两者趋向协调,阀瓣趋向稳定。控制元件是动态元件,要求具有长期的稳定性能、抗腐蚀性能和可靠的质量。

执行元件包括阀座、阀瓣、阀芯(阀座与阀瓣组合)。执行元件(阀瓣/阀口)在敏感元件的驱动下,对气体给出可变的约束。阀口的开度基于调压器下游燃气的需求量,当下游有用气需求时,阀口打开;当下游用气需求为 0 时,阀口关闭。主阀杆的动作频率取决于阀口的开、关频率。执行元件要求具有长期的稳定性能、密封性能和可靠的质量。

围护元件包括阀门、阀体、阀座,其主要作用是连接管道,同时保护其他元件。它属于静态元件,要求具有长期的稳定性能和抗腐蚀性能。

4.5.1.3 调压器的分类

1. 调压器的分类方法

(1)按作用原理分类,调压器通常可分为直接作用式和间接作用式两种。

(2)按进出口压力,调压器可分为低低压调压器、中低压调压器、中中压调压器、高低压调压器、高中压调压器和高高压调压器。

(3)按结构分类,调压器可分为浮筒式及薄膜式调压器,后者又可分为重块薄膜式和弹簧薄膜式调压器。

(4)按被调器参数分类,则有后压调压器和前压调压器。城市流体供应系统通常多用后压调压器,即调压器的出口压力为被调参数。

(5)按用途分类:

①区域调压器。

用于供应某一地区的居民用户或企事业单位用户的调压器,称为区域调压器。在三级制供气的城市中,一般为高中压调压器、中低压调压器。

②专用调压器。

专用调压器是专供某一单位的特殊需要而设置的,如玻璃厂、冶炼厂等大型工业用户,它们一般需要高于区域供应压力的气源,因此必须为它们设置专用调压器。

③用户调压器。

用户调压器是一种小型调压器,一般用于一幢楼或一户居民。它主要用于高、中压供气系统。用户调压器一般分为高低压调压器、中低压调压器两种。

2. 直接作用式调压器

1)结构

直接作用式调压器由敏感元件(薄膜)、执行机构(阀杆)和控制元件组成。

2)工作原理

依靠敏感元件(薄膜)所感受的出口压力的变化移动节流阀进行调节,不需要利用外部能源,属于弹簧膜片式、压力室膜片式调压器。直接作用式调压器是通过内信号管路或外信号管路来感应下游压力的变化。下游压力通过在敏感元件(皮膜)上产生的力与控制元件(弹簧装置)产生的力来进行对比,移动皮膜和阀芯,从而改变调压器流通通道的大小。

直接作用式调压器工作原理及工艺结构见图4-46、图4-47。

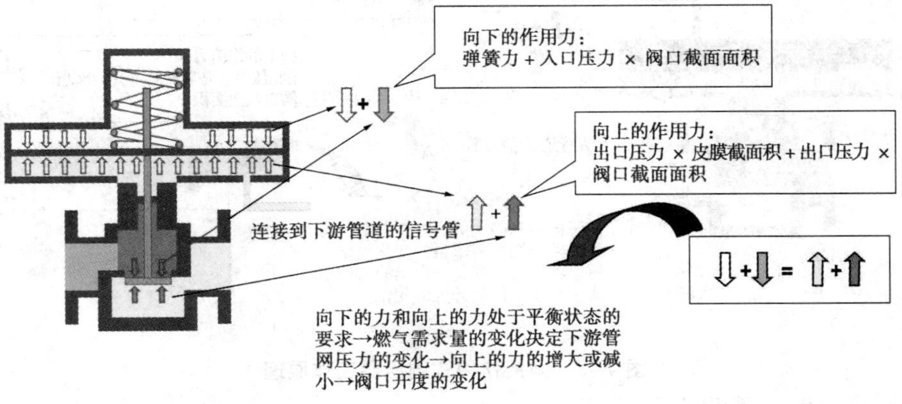

图4-46 直接作用式调压器工作原理

3)常用的直接作用式调压器

常用的直接作用式调压器有液化石油气减压阀、用户调压器、中低压调压器、低低压

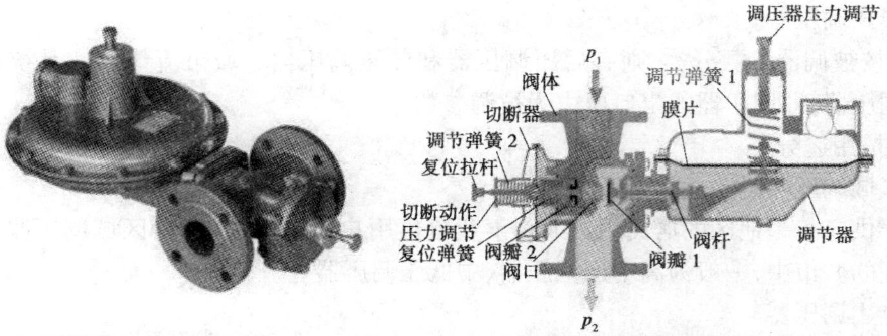

(a) 直接作用式调压器实物　　(b) 直接作用式调压器结构

图 4-47　直接作用式调压器工艺结构

调压器。

3. 间接作用式调压器

1) 结构

间接作用式调压器由主调压器、指挥器和排气阀组成。

2) 工作原理

当敏感元件感受到出口压力的变化后,使操纵机构(如指挥器)动作,接通外部能源或被调介质(压缩空气或流体),使调节阀门动作。由于多数指挥器能将所受力放大,故出口压力的微小变化,也会导致主调压器的调节阀门动作。因此,间接作用式调压器的灵敏度较高。由指挥器前取驱动压力、指挥器后取驱动压力和外界压力源压力(N_2或者压缩空气)控制额定值。

间接作用式调压器工作原理见图 4-48。

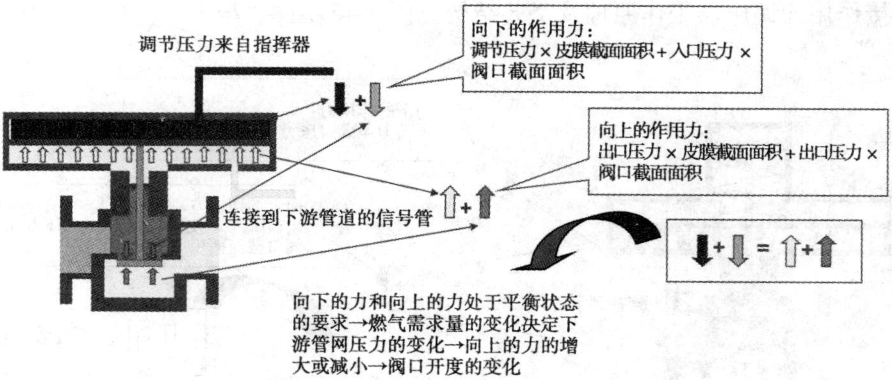

图 4-48　间接作用式调压器工作原理

3) 间接作用式调压器种类

(1) 截止式调压器。

截止式调压器调节阀的运动方向与气流方向相垂直,流体经过阀口时改变方向,故进出口流向虽然最终相同,但不在同一条轴线上。这种节流形式与截止阀类似。

截止式调压器结构见图 4-49。

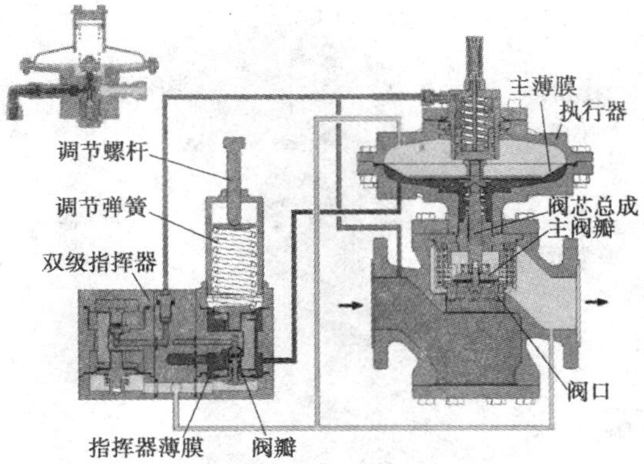

图4-49　截止式调压器结构

加消声器的REFLUX819调压器见图4-50。

加监控与紧急切断阀的REFLUX819调压器见图4-51。

(2)橡胶套阀口轴流式调压器。

橡胶套阀口轴流式调压器(见图4-52)具有运转无声、关闭严密、很高的调压精度、很宽的压力控制范围、流通能力大、能够做到较大的阀体尺寸、比压力调节阀便宜、结构紧凑等优点,但也有响应速度慢、成本高的缺点。

图4-50　加消声器的REFLUX819调压器

轴流调压器由两个可换的整流栅栏密合器、阀身、可扩张的橡皮套环阀体、控制歧管、指挥器等组件组成。

轴流式调压器阀身(见图4-53)由碳钢制成,内部加工成配合扩张橡皮套环的形状。

整流栅栏密合器上开有放射状的斜槽,是气体流通的路径。出口整流栅栏密合器上的斜槽可配合流量的需要,制作成缩减流

图4-51　加监控与紧急切断阀的REFLUX819调压器

量型的整流栅栏密合器,有10%、25%、50%等型式。

套环是轴流阀中的唯一活动元件,它将控制室与气流分开,提供整流栅栏的关闭预力

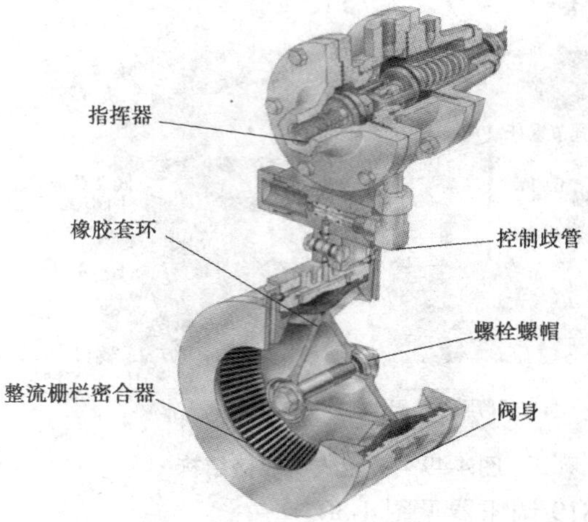

图 4-52　橡胶套阀口轴流式调压器

图 4-53　轴流式调压器阀身

负载，能够对套环两端的压差做出反应，产生节流作用。套环材质主要有醇橡胶(H)、丁腈橡胶(Buna－n)、含氟橡胶(V)、氟硅橡胶(F)、天然橡胶(N)等。

控制歧管(见图 4-54)的作用是产生作用在套环一侧的控制压，入口压作用在套环的另一侧，套环两端产生压差，而使套环动作，达到调压的目的。

指挥器通过其感应口感应轴流阀的出口压力，根据设定值控制指挥器内流孔的开度，达到控制出口压力的目的。指挥器是决定功能(减压或释压)、调整出口压力和释放压力设定值的关键，只要调整指挥器负载弹簧的设定点，就可以调整轴流阀的出口压力。

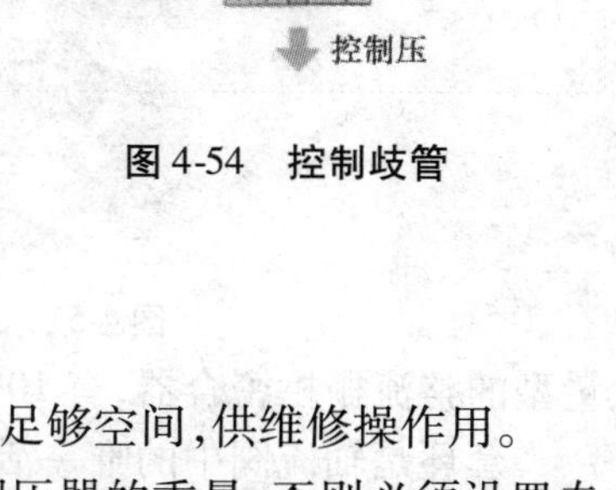

图 4-54　控制歧管

4.5.2　调压器的保养与常见故障处理

4.5.2.1　调压器的安装及启用

1. 调压器的安装要求

(1)调压器的安装空间必须足够大，装上调压器后应余足够空间，供维修操作用。

(2)调压器上下游的管道应在同一水平上，应能支撑调压器的重量，否则必须设置专门的支撑。

(3)与调压器进出口相连接的法兰必须完全平行。

(4)调压器进出口内腔应清洁,无保管、储运不妥造成的损伤迹象。

(5)上游管道应经吹扫清理,去除一切诸如焊渣、砂土、漆皮、水等杂质。

(6)务必使调压器阀体上的箭头指向与燃气流动方向一致。

(7)为能正确调压,必须将下游控制管接至下游管道的长度符合 GB 50028—2008 规定的直管段上,并且取压点处的燃气速度应≤30 m/s。

(8)为避免污垢形成并凝结在控制管中,建议控制管必须以 5% ~10% 的斜度向下游管道接头方向向下倾斜,且下游管道上的接头应焊在管道顶部。

(9)在调压器的上下游各装一只压力表及作其支撑用的针阀,并在调压器与出口断流阀间安装一只放气阀供排放燃气用,见图 4-55。

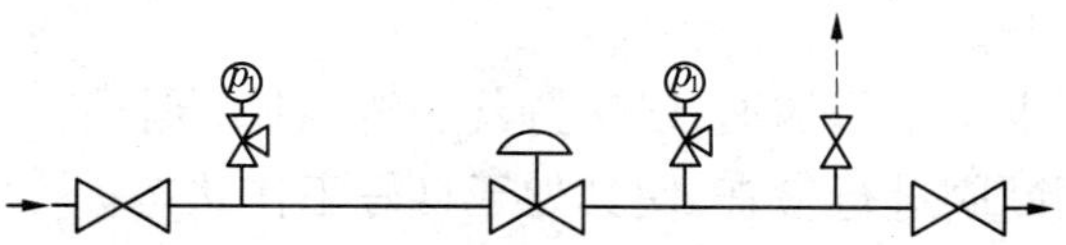

图 4-55　调压器后放散管的安装位置

(10)在一切工况下调压器及导阀内燃气温度必须高于露点。

2. 调压器的启用

(1)旋动导阀底部螺钉,降低导阀的设定直至设定弹簧完全放松。

(2)缓慢开启调压器前截断阀(球阀),观察进口压力表,其指针应逐渐到达进口压力值,而出口压力表则保持原值。如果不是这样,则再次检查导阀弹簧是否完全放松。如果导阀弹簧完全放松后出口压力仍上升,那么应将调压器、预调器和导阀拆下送去检查其零流量时的内密封性。

(3)用发泡剂(肥皂水)检查进出口断流阀与调压器间的所有接头,包括导阀供气管上的接头的密封性。

(4)旋动导阀底部螺钉,并观察、出口压力表,十分缓慢地提高导阀的压力至规定的设定值附近。

(5)出口压力稳定在设定值附近后,检查调压器与出口断流阀间的所有接头,包括控制管上的接头的密封性。

(6)开启调压器后的放散阀并在此小流量下重新进行设定。顺时针旋转调整螺钉可提高压力,为降低压力则需逆时针旋转调整螺钉。最好每次只将调整螺钉稍微旋转一下,待压力稳定后再接着旋转。达到所需设定值并检查压力值,待压力值稳定后,用锁紧螺母锁定调整螺钉。

(7)检查出口截断阀后压力,应不高于其前压力。

(8)十分缓慢地打开截断阀直至其后管道充满。如果进行此操作前,阀后管道中的压力远低于设定压力,那么最好用该阀进行节流,以免流量超过调压站最大流量。

(9)出口截断阀开启至一定程度后可将放气阀关闭。

(10)重新检查出口压力,如需要,就重新进行调压器的设定。

4.5.2.2 调压器的检查、保养与检修

1. 日常检查

(1)检查调压器外观是否完好,保证清洁卫生,无脱漆、脱皮现象;

(2)每周检查连接部位密封情况,有无燃气泄漏;

(3)检查调压器运行参数是否正常;

(4)每日值班人员观察、记录调压器出口压力,并和控制中心核对;

(5)当调压器减压阀动力气源由高压瓶装氮气供应时,检查氮气压力。

2. 月度检查

(1)包括日常检查内容;

(2)检查调压器连接螺栓是否松动;

(3)检查调压器的设定值是否为规定值;

(4)每月进行压力测试;

(5)定期对调压器上旋塞阀加油,以保持其润滑,启闭灵活;

(6)定期对安全切断阀进行检查,使其处于良好工作状态。

3. 保养与检修

(1)季度保养:如采用主路及备用路的调压装置,应每3~6月进行切换使用。

(2)年度保养与检修:

①包括季度保养内容;

②检查调压器和切断阀等关键设备的运动状态及调压精度,并对调压器进行全行程测试;

③清洗或更换指挥系统滤芯,疏通呼吸孔;

④每3~5年对调压器、切断阀等设备进行整体检查,根据需要对内部易损件进行更换。

4.5.2.3 调压器保养作业指导书示例

调压器维护保养作业

1　作业名称

调压器维护保养作业。

2　作业分类

雷诺式调压器、调压柜。

3　作业关键控制点

雷诺式调压器:查漏、更换压力纸、自动记录仪校验、检查进出口压力和切断压力、观察前三天的压力纸。

调压柜:检查进出口压力、切断压力、放散压力、主副路压差、过滤器压差。

4　工具材料准备及安全防护设施配置

灭火器2只、查漏水2瓶、防护服2套、胶皮手套4副、U形压力计1根、测压表、12英寸活动扳手、10英寸活动扳手、老虎钳、尖嘴钳、8英寸一字起、十字起、14英寸和18英寸管钳、开口扳、梅花扳、刮刀、钢丝刷。

5 作业流程

<table>
<tr><td rowspan="10">雷诺式调压器</td><td rowspan="4">前期准备</td><td>工具、材料是否准备齐全</td><td>是□ 否□</td></tr>
<tr><td>现场是否放置灭火器</td><td>是□ 否□</td></tr>
<tr><td>个人防护用品是否准备齐全</td><td>是□ 否□</td></tr>
<tr><td>是否掌握调压器运行、关闭、安全压力设定要求</td><td>是□ 否□</td></tr>
<tr><td rowspan="6">实施阶段</td><td>到达现场后打开调压站门窗，保持空气畅通</td><td>是□ 否□</td></tr>
<tr><td>是否对调压器各个接口进行查漏，有泄漏是否维修</td><td>是□ 否□</td></tr>
<tr><td>是否观察前三天的压力纸，判断压力是否正常</td><td>是□ 否□</td></tr>
<tr><td>是否检查校验自动记录仪</td><td>是□ 否□</td></tr>
<tr><td>是否检测调压器进出口压力值</td><td>是□ 否□</td></tr>
<tr><td>是否检测调试切断压力为出口压力的1.5倍</td><td>是□ 否□</td></tr>
</table>

4.5.2.4 调压器出口压力异常处理作业指导书示例

调压器出口压力异常处理作业指导书

1 事故名称

调压器出口压力异常。

2 可能出现的危害

造成供气事故。

3 处理关键控制点

调压器指挥器的调节。

4 处理程序

1	检查调压器上下游阀门是否处于全开状态	是□ 否□
2	检查旁通管线阀门是否处于关闭状态	是□ 否□
3	调整指挥器调节螺钉，观察压力是否符合要求	是□ 否□
4	观察调压器进口压力是否符合要求	是□ 否□
5	启用备用管线	是□ 否□

5 安全注意事项

开关阀门时应侧向阀杆，指挥器调节螺钉调节时应缓慢。

4.6 燃气流量计

4.6.1 燃气流量计概述

燃气流量计是用以测量管路中燃气流量(单位时间内通过的流体体积)的仪表。

4.6.1.1 燃气流量计的分类

根据流量计结构原理分类,燃气流量计可分为容积式流量计(膜式燃气表、湿式流量计、罗茨(腰轮)流量计)、速度式流量计(涡轮流量计、涡街流量计、超声波流量计)、靶式流量计、差压式流量计(变压降式流量计)、变面积式流量计(转子流量计、浮子流量计)、电磁流量计、动量式流量计、冲量式流量计、流体振荡式流量计、质量流量计。

当前常用的燃气流量计有罗茨流量计、涡轮流量计、涡街流量计、超声波流量计及膜式燃气表,其中膜式燃气表主要供家用,其他的燃气表都可以用于储配站。

各式燃气流量计见图 4-56。

图 4-56 各式燃气流量计

4.6.1.2 储配站常用流量计

1. 罗茨(腰轮)流量计

气体罗茨(腰轮)流量计是一种高精度、高可靠性、宽范围度的容积式气体计量仪表,广泛应用于工业气体流量检测与控制、城市燃气检测或计量等领域,能满足用户对高精度、高可靠性的检测或计量要求。它内部设计有构成一定容积的计量室空间,利用机械测量元件把流体连续不断地分割成单个已知的体积部分,根据计量室逐次、重复地充满和排放该体积部分流体的次数来测量流量体积总量。罗茨流量计见图 4-57。

罗茨流量计由壳体、腰轮转子组件(内部测量元件)、驱动齿轮与计数指示组件等构成。

在罗茨流量计的壳体内有一个计量室,计量室内有一对或两对可以相切旋转的腰轮(由此得名腰轮流量计),在流量计壳体外面与两个腰轮同轴安装了一对驱动齿轮,它们相互啮合使两个腰轮可以相互联动。两个相反方向旋转的 8 字形转子放在一个坚固的测量室内,其进出口连接管在两个相反的方向。经过精密加工的调校齿轮使转子位置保持正确。转子间、壳体和端板之间保持最佳工作间隙,提供了连续的无接触密封。当被测气体进入流量计入口端时,推动转子旋转,每旋转一周就有一定体积流量从出口排出,这就是罗茨流量计的工作原理。

图 4-57　罗茨流量计

罗茨流量计工作过程见图 4-58。

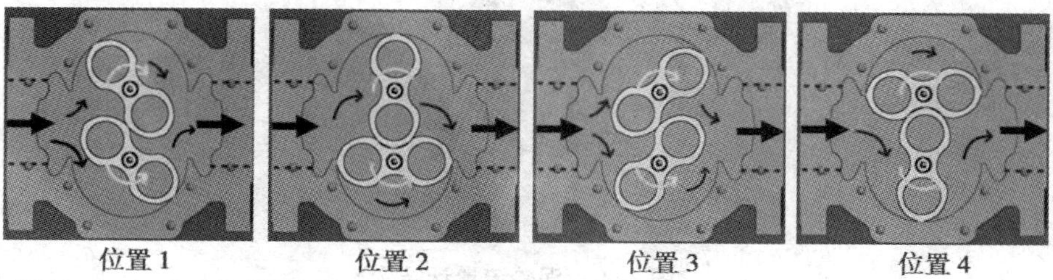

图 4-58　罗茨流量计工作过程

2. 涡轮流量计

涡轮流量计是一种速度式仪表，它具有精度高、重复性好、无零点漂移、高量程比、结构简单、运动部件少、耐高压、测量范围宽、体积小、质量轻、压力损失小、维修方便等优点，用于封闭管道中测量低黏度气体的体积流量和总量，在石油、化工、冶金、城市燃气管网等行业中具有广泛的使用价值。涡轮流量计见图 4-59。

图 4-59　涡轮流量计

涡轮流量计拥有高质量轴承、特别设计的导流片，因此极大降低了磨损，对峰值不敏感，恶劣的条件下也可以给出可靠的测量变量。涡轮流量计结构见图 4-60。

涡轮流量计原理：当流体通过管道时，冲击管道中心涡轮叶片，对涡轮产生驱动力矩，使涡轮克服摩擦力矩和流体阻力矩而产生旋转。在一定的流量范围内，对一定的流体介质黏度，涡轮的旋转角速度与流体流速成正比。由此流体流速可通过涡轮的旋转角速度得到，从而可以计算得到通过管道的流体流量。

3. 涡街流量计

涡街流量计是在流体中安放一根非流线型旋涡发生体，旋涡的速度与流体的速度成一定比例，从而计算出体积流量。涡街流量计适用于测量液体、气体或蒸汽。它没有移动

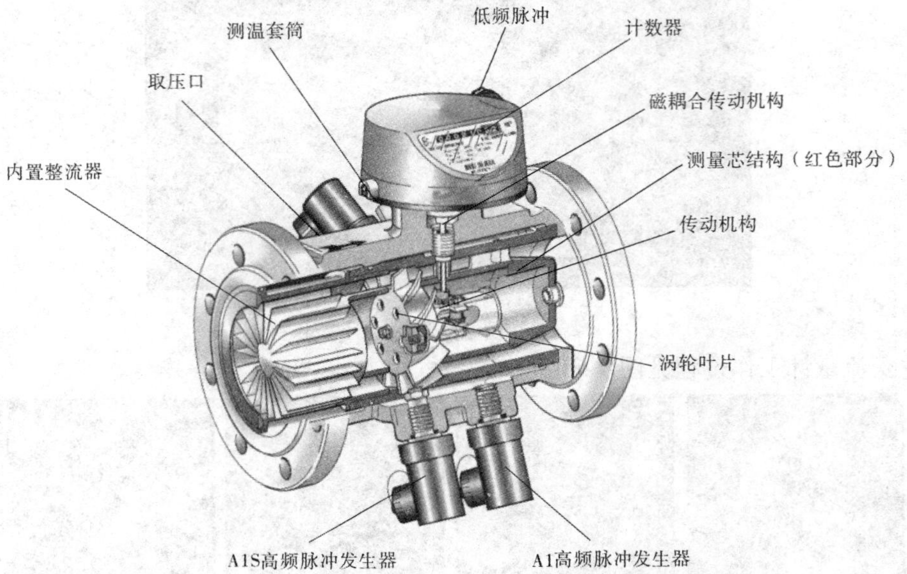

图 4-60　涡轮流量计结构

部件，也没有污垢问题。涡街流量计见图 4-61。

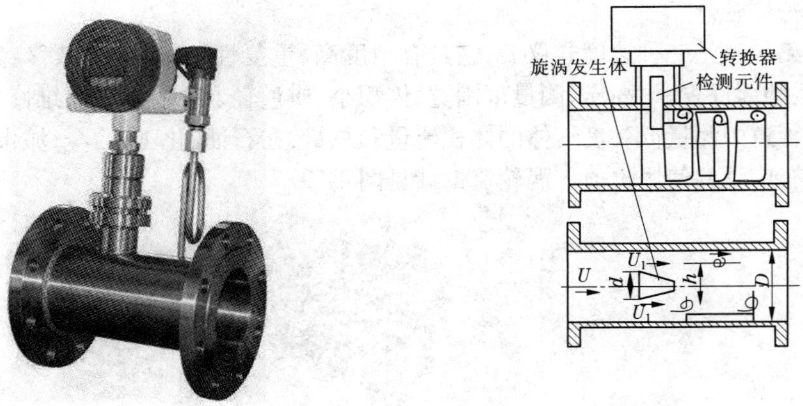

(a)涡街流量计实物　　(b)涡街流量计结构

图 4-61　涡街流量计

涡街流量计工作原理：在一个二度流体场中，当流体绕流于一个断面为非流线型的物体时，在此物体的两侧就将交替地产生旋涡，旋涡体长大到一定程度就被流体推动，离开物体向下游运动，这样就在尾流中产生两列错排的随流体运动的旋涡阵列，称为涡街。涡街形成过程见图 4-62。

涡街流量计一般按频率检出流量的方式，分为应力式、应变式、电容式、热敏式、光电式及超声波式、振动式流量计等。

涡街流量计结构简单牢固，适用于多流体种类、有较高精度，且压损小，但是不适应于低雷诺数流体测量，需较长直管段，仪表在脉动流、多相流中尚缺乏应用经验。涡街流量计会产生噪声，而且要求流体具有较高的流速，以产生旋涡。

4. 超声波流量计

超声波流量计是采用传播时间法和多普勒效应法测量流体的平均速度的仪表。它是无阻碍流量计，理论上适用于几乎所有的液体，但在实际应用中生产工艺、技术及工作环境和管道的污浊等都会影响测量精度。超声波流量计见图4-63。

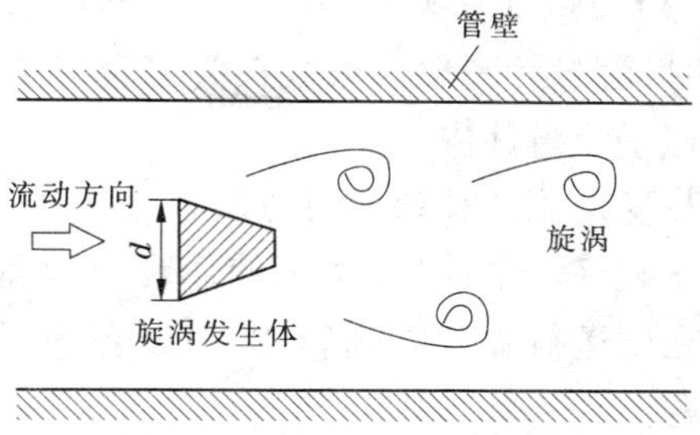

图4-62 涡街形成过程

图4-63 超声波流量计

工作原理：声波由上游向下游传输的时间（由于声波被气流推动）小于声波由下游向上游传输的时间（声波被气流反向阻挡）；这两个时间之差与气流的速度存在某种对应关系；从上下游测得的传输时间可以计算出气流的平均速度和声波的速度。

超声波流量计运行成本低，无节流件，压损小，不用加压，对上下游直管段的要求低，精度高，但是使用传播时间法时，只能用于清洁液体和气体，而在使用多普勒效应法时，只能用于测量含有一定量悬浮颗粒和气泡的液体，且精度不高。

4.6.2 燃气流量计保养及常见故障处理

4.6.2.1 罗茨流量计使用与维护

1. 罗茨流量计（见图4-64）的安装要求

（1）环境条件：适用于周围无腐蚀性气体、机械振动小、灰尘少且远离热源的场所。对于配有体积修正仪的智能型流量计，还应有符合规定的电磁环境。

（2）管道条件：在安装流量计前，管道必须进行清洗和吹扫，清除一切杂物、锈蚀和污垢。连续管道一般应与流量计进出口等口径、同轴线，不得有凸出管壁的凸出物突入管道内。流量计应采取无应力安装，且充分考虑工作温度引起的管道应力。

（3）配套设施：有管路系统、控制阀门，以及根据实际需要配备的过滤器、控制阀及温度、压力测量仪表和压力、流量调节设备等。

（4）罗茨流量计根据工作原理和气质情况，大多数要求在垂直管道上安装。

(5)流量计安装一般都要设置旁路管道，在垂直管道上安装时，流量计一般应安装在旁路管道中，以防止主管道杂物沉积于流量计内。

2. 罗茨流量计的使用与维护

安装好流量计后，正确使用和及时维护流量计极为重要。在试运行和正常运行中，罗茨流量计的使用应注意以下问题。

图 4-64　罗茨流量计

1）试运行

新选型设计的或重新安装的罗茨流量计系统，经安装检查后，应进行试运行工作检验。试运行工作应按下述程序运行：

关闭流量计前后的阀门（开关阀和调节阀），缓慢打开旁通阀，使气体从旁通阀流过，冲洗管道中残留的杂物并使流量计进出口压力平衡。若无旁通管路，则可先用一短管代替流量计装在管路中使气体通过，待管路被洗干净后，取下短管换上流量计。

启动流量计工作。对有信号远传的智能型流量计，首先，接好信号线和电源线，接通电源使仪表正常工作。其次，缓慢打开流量计前的开关阀。再次，缓慢打开流量计后的调节阀。最后，缓慢关闭旁通阀门，用流量计出口的调节阀调节流量，使流量计在正常流量下工作。

如果被测气体的温度很高，与环境温度的温差较大，则流量计运行前应注意对计量系统进行预热，使流量计和管路系统慢慢升温以保证流量计正常运行。

观察记录各项运行参数的变化，例如温度、压力等系统应没有大的振动、噪声和泄漏等情况，经稳定运行一段时间后，试运行结束。

2）正常运行

罗茨流量计计量系统经试运行正常从而投入正常运行后，操作人员应从以下几方面做好使用和维护工作：

(1)运行时，经常注意被测介质的流量、温度、压力等参数是否符合流量计的使用范围。如偏离较大，应查明原因，并考虑解决方法。

(2)启动和关闭流量计的工作仍应按试运行时的顺序进行。一般应制定严格的操作程序及规范，包括流量计的使用规范、检验流量计的操作规程和检定周期、流量计故障处理程序、备用流量计的启用规定及流量计和旁通阀的封印等。

(3)定期对整个计量系统进行检查、维护和检验。内容包括流量计、阀门和管路系统，过滤器等配套设备，温度计、压力表和密度计等测量仪表，安全阀、限流阀和报警器等保护设备，以及流量显示仪表、记录装置、补偿装置等流量辅助设备。

3. 罗茨流量计保养作业指导书示例

罗茨流量计保养作业指导书

1　作业名称

流量计保养作业。

2　作业关键控制点

流量计拆卸清洗、过滤器清洗、使用规定润滑油、维护记录填写。

3　工具材料准备及安全防护设施配置

工作服 2 套、手套 2 副、防爆梅花扳手（14 - 17）2 把、呆扳手（14 - 17）2 把、汽油1 kg、棉纱 1 kg、橡胶垫若干、过滤器滤芯 1 只。

4　主要人员及物料消耗

维修人员 2 名，汽油 1 kg、棉纱 1 kg、橡胶垫 3 个、过滤器滤芯 1 只，作业时间 2 h。

5　作业气候和环境要求

雨、雪、大风天气不宜作业，作业环境粉尘过大不宜作业。

6　作业流程

工作准备	工具和材料齐全、完好	是□　否□
	根据计划确认维护任务、地点	是□　否□
	作业人员须穿防静电服	是□　否□
	检查流量计润滑油油位	是□　否□
维护过程	确认压力显示正常	是□　否□
	确认温度显示正常	是□　否□
	缓慢打开流量计旁通阀门	是□　否□
	关闭流量计前后阀门	是□　否□
	拆除过滤器上盖	是□　否□
	检查并更换滤芯	是□　否□
	清理过滤器内杂物	是□　否□
	安装滤芯并上好顶盖	是□　否□
	拆除流量计两端法兰螺栓	是□　否□
	拆下流量计并轻放在洁净的垫布上	是□　否□
	用洁净汽油自进气口缓慢倒入流量计内，同时轻轻转动叶轮，反复冲洗腔内杂物	是□　否□
	确认冲洗流出的汽油洁净、无杂物	是□　否□
	更换法兰垫片，安装好流量计	是□　否□
	各接口螺栓上油保养	是□　否□
	给流量计机械部分加油或更换	是□　否□
	检查压力显示为 101 kPa（相对压力显示为 0）	是□　否□
	检查温度显示正常（环境温度）	是□　否□
	如显示不准，则需要更换相应配件	是□　否□
	缓慢打开进口阀和出口阀	是□　否□
	关闭旁通阀	是□　否□
	确认流量计运转正常	是□　否□
	检漏仪检测各接口无漏气	是□　否□
	检查电池电量（无外接电源）	是□　否□

7　其他注意事项

7.1　用于核算的流量计每半年校验1次。

7.2　周围不能有强磁场和机械振动。

7.3　不得随意改动参数。

7.4　有外部电源时,操作前一定要先切断电源。

4. 罗茨流量计常见故障处理

1)表芯计数部分

表芯计数部分故障处理见表4-2。

表4-2　表芯计数部分故障处理

故障	原因	处理
表芯内各齿轮不转动或转动不灵活	1. 表芯各传动齿轮、蜗轮、蜗杆磨损 2. 传动轴轴承磨损,孔径变大或变形	更换表芯
计数器不工作	1. 各计数轮内齿磨损或脱落 2. 计数器轴支架损坏	更换表芯

2)密封连接部分

密封连接部分故障处理见表4-3。

表4-3　密封连接部分故障处理

故障	原因	处理
供气正常,转子正常工作,表芯齿轮不转,计数器不工作	1. 磁钢套与转子轴脱落或者磁钢套与转子轴之间的固定螺钉松动 2. 磁钢从磁钢套上脱落	1. 重新固定磁钢套 2. 重新固定磁钢

3)计量室部分

计量室部分故障处理见表4-4。

表4-4　计量室部分故障处理

故障	原因	处理
燃气不通过仪表,表头不计数	1. 过滤器、过滤网罩堵塞 2. 计量室进入异物(如焊渣、沙砾、锈蚀物等),出现卡表 3. 安装不当	1. 清洗或更换滤芯和网罩 2. 打开流量计取出异物,修复转子表面 3. 调整安装管道
流量计工作时噪声过大	1. 润滑不好 2. 轴承出现磨损或轴承刚球碎裂造成转子与计量室和墙板之间出现摩擦	1. 更换补充润滑油 2. 更换轴承
密封部分出现渗漏现象	O形圈老化失效	更换O形圈

4.6.2.2　涡轮流量计使用与维护

1. 涡轮流量计的安装要求

(1)管段要求:流量计必须水平安装在管道上(管道倾斜在5°以内),安装时流量计轴线应与管道轴线同心,流向要一致。流量计上游管道长度应有不小于2DN的等径直管段,如果安装场所允许,建议上游直管段为20DN、下游为5DN。

(2)配管要求:流量计安装点的上下游配管的内径与流量计内径相同。入口直管段:≥3DN,轻度扰流,弯管/大小头/T形管;入口直管段:≥10DN,重度扰流,调压器,切断阀门。

(3)旁通管要求:在流量计的前后管道上应安装切断阀门(截止阀),同时应设置旁通管道。流量控制阀要安装在流量计的下游,流量计使用时上游所装的截止阀必须全开,避免上游部分的流体产生不稳流现象。

(4)环境要求:流量计最好安装在室内,必须安装在室外时,一定要采取防晒、防雨、防雷措施,以免影响使用寿命。

(5)为了保证流量计的使用寿命,应在流量计的直管段前安装过滤器。

(6)不允许带流量计焊接,安装流量计前应严格清除管道中焊渣等脏物,最好用等径的管道(或旁通管)代替流量计对管道进行吹扫,以确保在使用过程中流量计不受损坏。安装流量计时,法兰间的密封垫片不能凹入管道内。

(7)流量计应可靠接地,不能与强电系统地线共用。

2. 涡轮流量计开启与关闭操作要求

1)启动顺序

(1)有旁路侧通管时,先打开旁路侧通管的阀门,再缓慢打开出口阀门,最后缓慢关闭旁路侧通管阀门。

(2)没有旁路侧通管时,先缓慢打开入口阀门,然后缓慢打开出口阀门。

2)停止顺序

(1)有旁路侧通管时,先缓慢打开旁路侧通管的阀门,然后缓慢关闭出口阀门,再缓慢关闭入口阀门。

(2)没有旁路侧通管时,先缓慢关闭出口阀门,然后缓慢关闭入口阀门。在数表并联的情况下,不得任意关闭某一通道,避免其他流量计过载;需加油润滑的仪表应定期加油和进行维护保养。

3. 涡轮流量计保养与维护

(1)检查流量计的外表有无油漆剥落、起皮、锈蚀等,接线是否松动、老化等。

(2)检查流量计本体、焊缝、焊接接头等有无泄漏、裂纹、变形。

(3)检查流量计支承或支座有否损坏、开裂、倾斜、紧固件松动。

(4)检查流量计有无漏气声、异常气味、异常震动、噪声。

(5)流量计操作过程中,严禁气流反向流动。

(6)压力剧烈震荡或不当的高速加压会损坏流量计。

(7)不得任意取下仪表上的封印和铅封。

(8)涡轮流量计引压管上的阀门必须位于开启位置,不得关闭。

(9)在两个及以上流量计并联使用的情况下，不得任意关闭某一通道，避免其他流量计严重过载。

4. 涡轮流量计保养作业指导书示例

涡轮流量计保养作业指导书

1　作业名称

涡轮流量计保养作业。

2　作业关键控制点

涡轮流量计、球阀、皮膜调压器、法兰、压力表、温度计。

3　工具材料准备及安全防护设施配置

防爆扳手、电工工具、万用表、检漏仪、防爆对讲机2部。

4　主要人员、物料消耗定额

现场操作人员2名、维修工1名、控制室监控人员1名。

5　作业气候、环境要求

站内无事故、周围无明火、非雷雨天气。

6　作业流程

日常管理与维修	1. 仔细阅读说明书，了解流量计工作原理及可能出现的问题	是□　否□
	2. 定期检查、维修保养，发现泄漏或卡死，应关闭前后端阀门，放散系统内压力后进行维修或清理，不能自行修复，应上报或与厂家联系	是□　否□
	3. 流量计问题：先检查传输系统，再到现场观察流量计，根据情况采取相应的措施	是□　否□
	4. 定期清理过滤器，保持管道清洁	是□　否□
	5. 经常检查传输系统，保持信号稳定正常	是□　否□
流量计操作	1. 确认流量计、调压器、球阀、过滤器等设备正常	是□　否□
	2. 根据实际流量、使用情况选定相匹配的流量计	是□　否□
	3. 确认流量计两端压力、温度正常，瞬时流量在流量计安全计量范围内	是□　否□
	4. 从流量计后端向前缓慢依次打通供气管路	是□　否□
	5. 通过现场及监控系统分别观察流量计计量情况，待一切正常后，流量计作业完成	是□　否□

7　安全注意事项和应急措施

7.1　定期检查，保证计量系统正常运转。

7.2　定期检漏，发现漏点及时处理，不能自行处理的及时上报。

7.3　严禁擅自打开流量计进行作业，应在专业人员指导下进行作业。

7.4　正常情况下,计量系统为常开状态,严禁频繁进行开关操作。

8　作业记录、总结

8.1　认真记录作业情况。

8.2　如出现问题应及时记录、分析、总结。

4.6.2.3　涡街流量计保养与常见故障处理

1. 涡街流量计安装要求

(1)涡街流量计对管道流速分布畸变、旋转流和流动脉动等敏感,对现场管道安装条件应充分重视,遵照生产厂家使用说明书的要求执行。

(2)涡街流量计可安装在室内或室外。

(3)如果安装在地井里,有水淹的可能,要选用防水型传感器。

(4)传感器在管道上可以水平、垂直或倾斜安装,但测量液体和气体时为防止气泡和液滴的干扰,要注意安装位置。

涡街流量计安装要求见图 4-65。

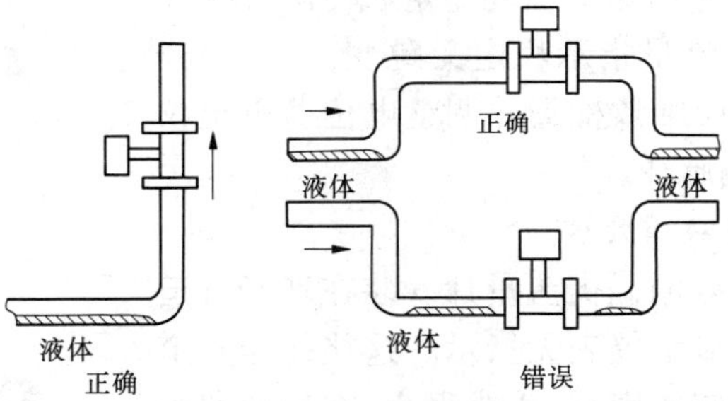

(a)测量含液体的气体流量仪表安装

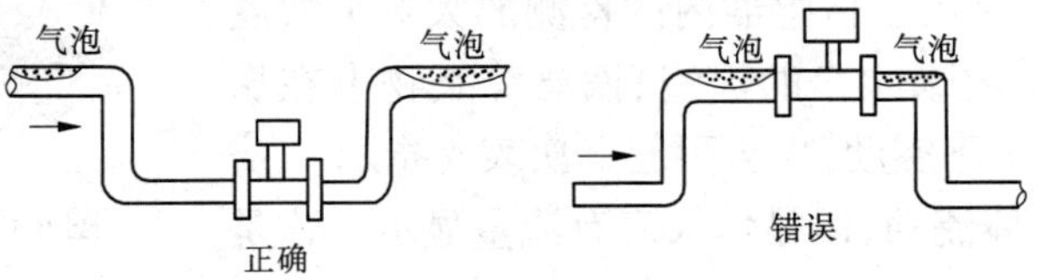

(b)测量含气泡的液体流量仪表安装

图 4-65　涡街流量计安装要求

(5)涡街流量计对上、下游直管段长度的要求,见图 4-66。

2. 涡街流量计(见图 4-67)使用要求

1)现场安装完毕通电和通流前的检查

(1)主管和旁通管上各法兰、阀门、测压、测温孔及接头应无渗漏现象;

(2)管道震动情况符合说明书规定;

(3)传感器安装正确,各部分电气连接良好。

2)接通电源静态调试

在通电不通流时转换器应无输出,瞬时流量指示为 0,累积流量无变化,否则应检查是否因信号线屏蔽或接地不良,或管道震动强烈而引入干扰信号。如确认不是上述原因时,可调整转换器内电位器,降低放大器增益或提高整形电路触发电平,直至输出为 0。

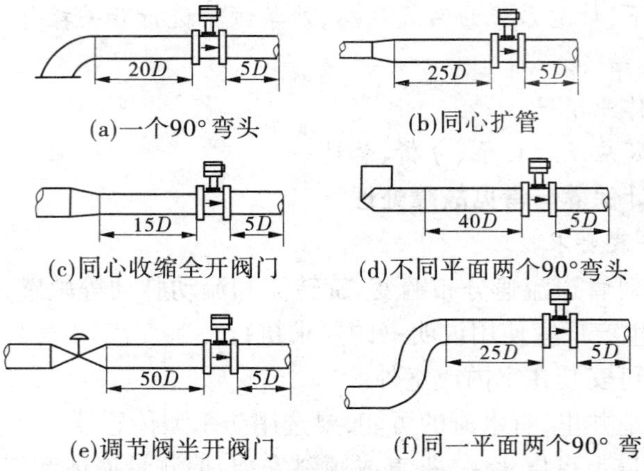

图 4-66　涡街流量计对上、下游直管段长度的要求

3)通流动态调试

关闭旁通阀,打开上下游阀门,流动稳定后转换器输出连续的脉宽均匀的脉冲,流量指示稳定无跳变,调阀门开度,输出随之改变;否则,应细致检查并调整电位器直至仪表输出既无误触发又无漏脉冲。

3. 涡街流量计的常见故障处理

(1)新安装或新检修好的涡街流量计安装在现场管道上后,在开表过程中有时显示仪表无指示。这往往是管道内无流量或流量很小,致使速度 $v=0$ 或很小,在传感器内无旋涡产生。也可能是由于传感器内的检测放大器灵敏度调得太低。如果管道内未吹净的焊渣、铁屑等杂物卡在探头与内壁之间,使探头不震动,也会引起一次表无指示。

图 4-67　涡街流量计

(2)管道内无流体流动,但显示仪表有流量显示。这是由于仪表接地不良,引入了外部干扰引起的;也可能是由于灵敏度调得太高。实践证明,灵敏度不能调得太高,否则会引起流量偏高或指示波动;也不能调得太低,否则显示仪表无指示。一般应在无流量和无外界干扰时,使显示仪表指示为 0 即可。

(3)管道内有强烈的机械振动,也会使显示仪表有指示,而工业生产的现场管道常常受动力设备的影响而发生振动,这种振动所形成的噪声干扰,对涡街流量计仪表的准确检测是非常有害的,严重时会导致仪表无法正常工作。如泵可以引起流体的压力脉动(静压脉动),而间歇性大幅度地开闭阀门,或负荷的突变,则可引起流体对仪表的强烈冲击。涡街流量计最怕大范围的波动冲击,更怕介质中夹杂的焊渣、石块等硬物的冲击,这些都会使噪声信号增大,以致影响测量精度。

(4)涡街传感器的探头与内壁只有很小的距离,极易被沙粒、污物堵住,使振动源不能振动,仪表指 0。此时如用外力敲击几下一次表的壳体,有时会把探头与内壁之间的污物振掉,使仪表恢复指示。有时二次表指示偏低且迟缓,是有污物堵在了探头与内壁之间,但未堵死,此时可旋动丝杠,使振动源旋转 180°,即把振动源倒过来,让流体反冲一下振动源,有时会解决问题。

(5)有时一送电,仪表就指示某一刻度,且不管怎样调整灵敏度电位器,指示也总不变化,这往往是一次表内部某元件损坏所致。

4.7　加臭机

天然气具有无色无味和易燃易爆的特性,因此当发生天然气漏气时,为易于被人们发觉,进而消除漏气,要求对没有臭味的天然气加臭。它对于确保人民生命和财产安全,及时发现并防止事故发生是一项重要的安全措施。

常用的臭剂为四氢噻吩(C_4H_8S,THT)、乙硫醇(C_2H_5SH)。

4.7.1　加臭机介绍

4.7.1.1　加臭机结构

加臭机(见图 4-68)一般由控制系统、隔膜计量泵(气动泵、电磁泵、电机泵,包括进出口单向阀、调压阀、冲程调节机构)、臭剂储罐(液位计、呼吸阀、加料接口、排污接口)、工艺管路阀门组件(过滤器、截止阀、旁通阀、内循环阀、压力表等)、臭剂流量监测仪表(流量开关、质量流量计等)、汽化器组件(包括止回阀、截止阀)、加料系统(有气动加料系统、电动加料系统、槽车加料快速接头)、蒸发气吸收系统(活性炭吸收器、氧化剂吸收器)等组成。

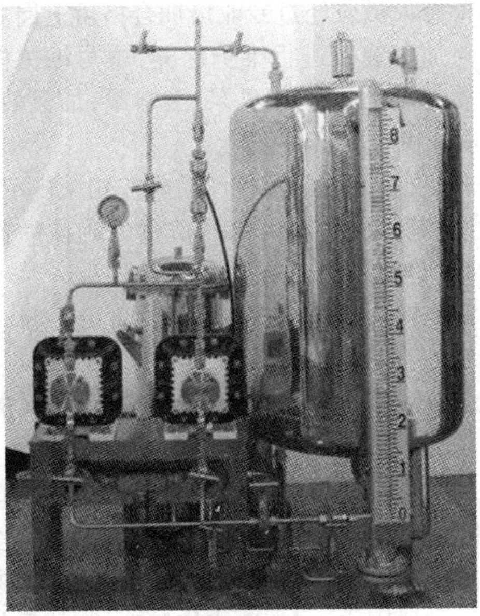

图 4-68　加臭机

4.7.1.2　加臭泵的工作原理

泵式加臭的原理是通过控制一个液压(机械)隔膜式栓塞计量泵,对燃气实行按比例加臭。经往复运动的活塞推吸液压油,以液压的方式来回推吸隔膜,交替地在吸入冲程中通过进口单向阀吸入臭剂,在排出冲程中通过出口单向阀将臭剂排出。通过调整活塞冲程长度调整单冲程输出量,根据燃气流量所需要的臭剂量控制活塞往复次数。加臭泵工作原理见图 4-69。

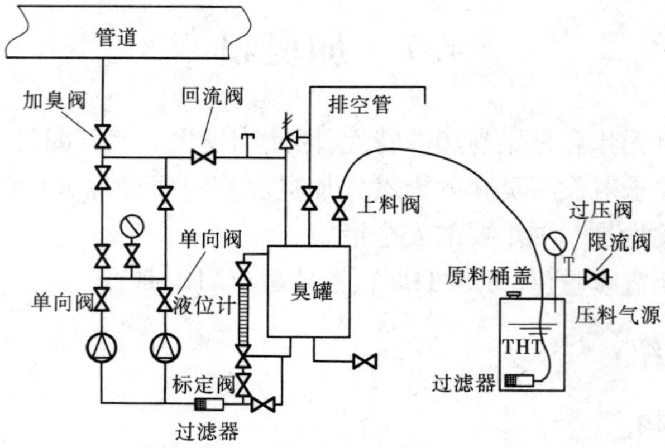

图 4-69　加臭泵工作原理

4.7.2　加臭机保养与常见故障处理

4.7.2.1　加臭机保养要求

(1)加臭装置维护和检修人员应经过专业培训合格后上岗。

(2)使用单位应定期对加臭装置进行维护保养,填写维护保养记录。维护保养范围为:过滤器部件,止回阀、截止阀等阀门,加臭泵,上料泵,加臭装置的密封性能,加臭装置的控制器及电气元件,臭剂蒸汽吸收器。

(3)加臭装置的安全阀、仪表等国家强检产品应按相关规定定期进行校验。

(4)发生故障需要切换加臭泵时,应由部门负责人确认后方可切换和检修。完成检修的设备应经过不少于 24 h 的试运行。

(5)检修人员应按规定穿戴专业安全防护眼镜、防护手套、防毒面具、防毒物渗透工作服等防护用品。

(6)加臭装置检修时,现场应备有消防器材、专用除味剂、消除臭剂的稀释液和吸附剂。

(7)加臭机发生故障的常见部位有控制系统、计量泵、进出口单向阀等。控制系统故障应由专业人员维修;计量泵的故障表现在隔膜破损、液压油缺失、单向阀密封度降低、机械卡死、驱动装置损坏等,可以通过修复部件或更换部件的方法排除故障。

(8)雷击也是导致故障的原因之一,常造成控制系统、信号传输系统、供电系统、仪器仪表等失效或烧毁,应给予足够的重视。

(9)判断故障与维修要遵循科学的思维、设备的结构机制,先易后难、先外围后内部的检修思路。

4.7.2.2　加臭机常见故障处理

1. 驱动器不动作

驱动器动作有几种可能:一是机械卡死,通常是电磁轴内有异物;另一种是电磁线圈烧毁,其判断方法是用万用表测量线圈电阻值,100 Ω 之间则属匝间短路,这些足以造成计量泵不工作或不能正常工作,必须分解检修、更换线圈。

2. 无臭剂输出

(1)打开排气口阀(调压安全阀)。排出空气,补满机油,再将其关闭。

(2)打开回流阀 10 min,如无异常,再进行压力试验,高于燃气压力,进入加臭工作。

(3)如果压力提升不够,检查进液口和出液口单向阀,方法是在回流冲洗无效的情况下,拆下分解清洗并重新装回。

(4)如果不行,清洗补油阀(泵头下部)。如果还不行,拆开泵头,检查膜片是否破损。

(5)检查机油洁净度和黏稠度,机油过脏、过黏都必须更换。

(6)如果回流试验都无法进行,还应该检查行程是否过小、过滤器是否堵塞、液位计阀是否忘记打开等。

3. 四氢噻吩臭剂泄漏

(1)滴落到设备上的臭剂应立即擦拭干净,否则会腐蚀机件。

(2)洒落在地上的臭剂可用沙土遮盖,并清理出去,适量喷些香水可改变空气气味。

(3)发生火灾可用沙土或二氧化碳灭火器补救。

4.8　色谱分析仪

在线色谱仪的基本功能是分析管道内天然气的组分,检测天然气的质量,比如热值、压缩因子、密度等。

色谱仪的误差直接带来热值、压缩因子、密度的计算误差,从而引起流量计量误差。

4.8.1　色谱分析仪概述

4.8.1.1　色谱分析仪的组成

色谱分析仪分为液相色谱分析仪和气相色谱分析仪(见图 4-70)两种。气相色谱分析仪一般由采样系统、分析设备、控制器三部分组成。采样系统主要是将合格的样气从管道输送到色谱仪采样管;分析设备可以将注入的样气进行分离,分析其组分后转变成电信号传递给控制器;控制器是控制和采集、处理数据的装置。

4.8.1.2　气相色谱分析仪的工作原理

气相色谱分析仪是以气体作为流动相(载气),当样品由微量注射器“注样”或气体进样器进样进入汽化室后,被载气携带进入填充色谱柱或毛细管色谱柱。由于样品中各组分在色谱柱中的流动相(气相)和固定相(液相或固相)间吸附力或溶解度的差异(保留作用不同),在载气的冲洗下,各组分在两相间作反复多次分配并在柱中得到分离,随后顺序通过柱后检测器依次被检测出来,并转换为电信号送至色谱数据处理系统,绘出色谱图,给出定量、定性分析结果。气相色谱分析仪工作原理见图 4-71。

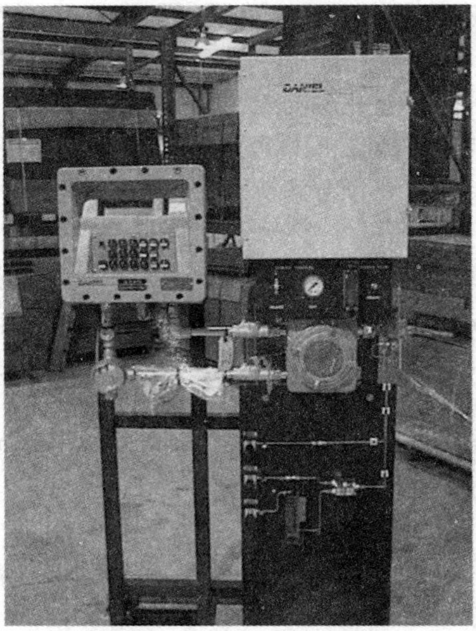

图 4-70　气相色谱分析仪

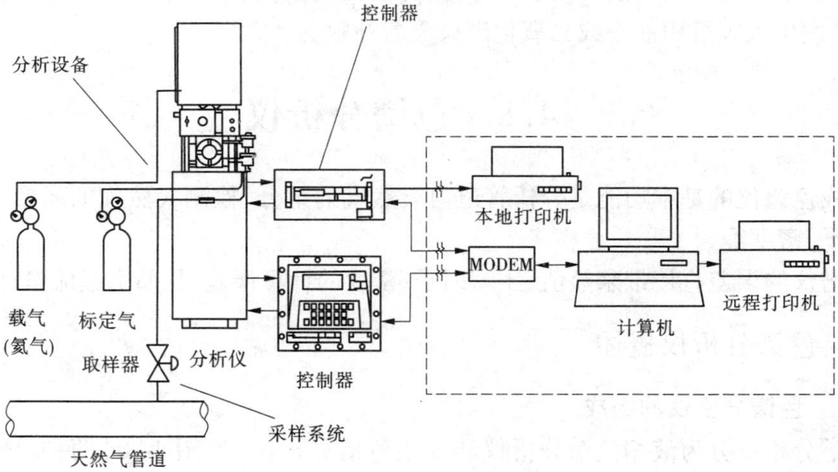

图 4-71　气相色谱分析仪工作原理

4.8.2　气相色谱分析仪保养与常见故障处理

4.8.2.1　气相色谱分析仪维护保养

(1)每两小时,巡查一次分析小屋,检查供电、通风、载气、标气压力是否正常。当分析小屋内温度超过 28 ℃时,开启防爆空调,并将室温降至 28 ℃。

(2)每天,擦拭色谱分析仪,保持其清洁。

(3)每月,检查供电、通风是否正常;检查载气、标气与吹扫气压力是否正常;检查各检测仪气体流量是否正常;检查分析小屋内温度是否在 28 ℃以下;对检测仪进行擦拭,保持清洁;检查静密封点连接处是否有漏气。

4.8.2.2 气相色谱分析仪的压力异常处理

1. 载气压力

(1)气相色谱分析仪载气出口压力应为0.75 MPa(110PSI)。如果不是,则调节载气瓶上的压力调节阀(顺时针旋转压力升高,逆时针旋转压力降低),将压力调到0.75 MPa。

(2)气相色谱分析仪载气瓶压力不低于0.75 MPa,否则更换载气瓶。

(3)更换载气瓶时,气相色谱分析仪将停止工作(一般载气压力小于0.75 MPa后,色谱仪会自动停车,停车表现为红色、橙色报警灯亮,绿色运行灯不亮),关闭载气出口阀,关闭瓶口阀。

(4)更换载气瓶后应做泄漏测试。确认无泄漏后,方可启动色谱仪进行自动分析。

2. 取样压力

气相色谱分析仪取样器的出口压力应为0.14 MPa(20PSI),否则调节取样器上的压力调节阀(顺时针旋转压力升高,逆时针旋转压力降低),将压力调到0.14 MPa。

3. 标准气压力

(1)气相色谱分析仪标准气瓶的输出压力应为0.14 MPa,否则调节标准气瓶上的压力调节阀(顺时针旋转压力升高,逆时针旋转压力降低),将压力调到0.14 MPa。

(2)瓶内压力低于0.14 MPa时,需更换标准气瓶。

(3)更换标准气瓶后,需重新输入新标准气体的组分,并做最少一次常规标定,如常规标定不能通过,则需做一次强制标定。标定完成后,启动色谱仪进行自动分析。

第5章　液化天然气储配站安全管理

近年来,随着国家能源环保政策和能源结构调整政策的出台,天然气技术得到了大力推广和应用,由于其燃烧充分、利用价值高、污染小、价格低等特点,受到普遍欢迎。但是,由于天然气具有易燃易爆等特性,再加上新技术推广初期,管理经验欠缺,国家相关技术标准、规范不完善,个别环节相对薄弱,由此带来的安全隐患和突发性的安全事故也越来越引起人们的关注与重视,因而解决目前储配站安全问题已是当务之急。

因此,必须加强安全管理,建立健全各项管理制度和安全操作规程,不断对员工进行安全知识教育,使在站内从事工作活动的人员明确各自的岗位职责及安全要求,切实做到自觉遵守制度,认真无误操作,保证安全生产。

5.1　储配站人员管理

5.1.1　储配站岗位设置及职责

5.1.1.1　站长岗位职责

(1)认真贯彻执行安全生产法及各项质量法规、制度和标准,保证国家安全生产法规和公司规章、安全运营管理制度、设备运行的操作规程在储配站得到贯彻执行。

(2)制订储配站年度安全质量工作计划,报上级部门领导批准后监督实施。

(3)负责储配站事故的调查、分析工作,写出详细、准确的调查分析报告,做好事故汇总和上报工作。

(4)指导、督促各班组的安全生产工作,根据季节、任务等具体情况开展阶段性的安全活动。

(5)负责组织召开站点各项安全生产会议,定期组织召开站点安全例会,提高部门员工整体安全素质,宣传贯彻上级安全生产的各项指示精神。

(6)负责储配站点每日、每月的安全检查,对查出的隐患及时处理,并做好记录。

(7)对违章现象进行制止;制止无效的,应向单位领导或上级主管部门报告。

(8)负责定期检查消防设施和器材的完好状况,保证齐备、可靠。

(9)做好储配站安全管理工作,督促各班组做好防火、防盗工作,充分发挥安全管理员的作用。

5.1.1.2　技术负责人岗位职责

(1)负责储配站充装工艺、设备运行等技术管理工作,对气体储存、充装经营过程中的安全质量技术负责。

(2)负责国家有关产品质量、标准计量、特种设备、安全生产等法律、法规、技术规范的贯彻执行。

(3)组织制定、修订和审定各项安全质量管理制度、安全技术规程,组织编制安全技术措施计划、方案及安全技术长远规划。

(4)组织安全技术研究工作,负责解决疑难或重大安全技术问题,推广和采用先进的安全技术和安全防护装置。

(5)审批重大工艺处理、检修、施工安全技术方案,设备定期检验(检定、校验)计划。

(6)审批特殊动火证,参加重大事故的技术分析工作。

5.1.1.3　安全员岗位职责

(1)负责储配站消防安全工作,对储存、装卸、充装经营过程中的消防、安全生产、安全保障负全责。

(2)贯彻执行消防、安全生产法律法规,编制消防、安全生产、安全保卫有关管理制度,标示安全警示标志、标语。

(3)负责消防、安全设施的配置、维护、管理工作,保证消防、安全设施齐全、有效。

(4)编制事故预防和紧急救援预案,制订演练计划,并实施演练。

(5)制订安全培训教育计划,对员工进行安全生产教育,指导相关人员进行安全作业。

(6)组织并实施消防、安全巡查,消除安全隐患,做好安全记录。

5.1.1.4　设备负责人岗位职责

(1)负责建立、储存工艺设备技术档案、仪器(表)档案、气瓶档案及归档工作。

(2)负责设备、仪器(表)、气瓶日常管理工作。

(3)制定、修订设备管理制度、安全技术操作规程。

(4)制订储配站设备、仪器(表)检验、检修计划和气瓶检验计划,并落实有关检验、检修工作。

(5)评定设备完好状况。

(6)完成领导交办的其他工作。

5.1.1.5　班组长岗位职责

(1)组织职工学习,贯彻执行储配站有关安全生产的规章制度。

(2)组织班组安全学习。

(3)定期组织安全活动,认真执行交接班制度,做到班前讲安全、班中检查安全、班后总结安全。

(4)检查岗位工艺指标及各项安全制度执行情况,做好设备和安全设施的巡回检查及维护保修工作,并做好记录。

(5)严格劳动纪律,不违章指挥,有权制止一切违章作业,监督检查站内外各工种作业人员的作业,维护正常生产秩序。

(6)负责本岗位防护器具、安全装置和消防器材的日常管理工作,使之完好。

(7)发现隐患及时解决,做好记录,不能解决的要上报领导,同时采取控制措施,发生事故要立即组织抢救、保护现场、及时报告。

5.1.1.6　**充装工岗位职责**

(1)严格执行国家相关法律、法规及标准,并掌握燃气专业相关知识,遵守劳动纪律,不违章作业,按照储配站各项管理规定,必须经过安全技术培训和岗位操作培训,持证上岗。

(2)使用文明礼貌用语,主动、热情、规范地为客户提供输气服务,满足客户的合理要求,严禁与客户争吵。

(3)负责岗位范围内设备的维护、保养和作业环境清洁,懂得潜液泵工作原理,判断和排除一般的设备故障。

(4)上岗必须着规定服装,会报警,熟悉站内消防器材性能,能熟练使用站内消防器材。

(5)负责岗位范围内安全检查,发现不安全因素和危及储配站安全的行为,及时处理、阻止和汇报。

(6)熟悉充装安全操作规程,对充装车辆必须进行充装前的有关安全检查,严格按充装安全操作规程工作。

5.1.1.7　**压力容器(压力管道)人员岗位职责**

(1)压力容器与压力管道管理人员、操作人员必须经过安全技术和岗位操作培训,压力容器与压力管道管理人员、操作人员必须经专业机构培训,取得特种设备作业证后上岗。

(2)压力容器与压力管道管理人员、操作人员必须熟悉本岗位压力容器、压力管道的技术特性、系统结构、工艺流程、工艺指标、可能发生的事故和应采取的措施。

(3)压力容器与压力管道管理人员、操作人员必须严格控制工艺指标,严格按操作规程进行操作,严禁超压、超温运行。

(4)压力容器与压力管道操作人员应严格执行巡回检查制度,做好巡回检查记录,发现异常情况应及时汇报和处理。

(5)压力容器与压力管道操作人员在设备运行过程中发现不正常现象或发生故障,应立即向站领导与压力容器、压力管道管理人员反映。各站视故障情况向公司主管部门汇报,公司主管部门应及时查清原因,排除故障,提出改进措施。

5.1.1.8　**维修工岗位职责**

(1)维修工负责完成公司和站所属生产设备、管线、阀门、仪表及其他维修和保养工作。

(2)接受站上的各项工作安排和设备部门的技术业务指导。对生产设备运行情况随时检查,并提出检修计划,保证设备正常运行。

(3)维修人员在维修设备、管线时,必须挂维修牌,以防止操作人员误操作,设备维修后,经技术人员检查合格后,才能交于操作人员使用。

(4)检修输气设备时,必须首先切断气源并放空,保持工作场所的通风良好,经检查无隐患后,方可作业。

(5)在易燃易爆场所进行检修等作业时,必须严格遵守有关安全制度,工作时禁止擅击产生火花。

(6)对生产系统出现的故障要及时处理、及时记录,并收集整理好资料,上报有关部门。

(7)根据技术部门制订的大、中修计划,对设备进行检查、维修。

(8)按时对设备进行维护和保养。

(9)协助技术部门对设备各操作岗位人员进行正确操作和维护保养知识的传授、指导,对违章作业应及时制止并向上级部门报告。

(10)严格按修理规范作业,严禁违章,有权拒绝违章指挥,并向上级主管部门上报。

5.1.1.9　电工岗位职责

(1)严格执行电气管理的各项制度和设备运行、检修的规程,确保变配电设备运行正常,供电安全可靠。

(2)注意负荷变化及电容器的变化,力争功率因数达到0.9以上。

(3)严密监视电气设备运行情况,做到定期巡视检查,发现异常情况及时汇报。

(4)提出配电室检修计划,提出检修和材料配件计划,及时报告。

(5)负责电气设备的日常维护和清洁工作。

(6)准确齐全记录各项运行资料、数据,按时上报。

5.1.1.10　财务人员岗位职责

(1)认真学习国家制定的各项规章制度、政策法令,按照《中华人民共和国会计法》规定,及时完整地对公司财务进行核算,正确编制各类报表。

(2)正确登记总账及各种细账,做到账账相符、账实相符。

(3)严格执行财务制度,认真审核各种费用报销的原始凭证。

(4)严格执行现金、支票管理制度,做到日清月结,禁止白条抵现。

(5)负责固定资产的建卡,办理调入调出手续,参加财务清查。

(6)搞好月、季、年报表的编制分析,为董事会决策提供科学依据。

(7)负责购进及销售气量的结算工作,做到月结月清。

(8)认真装订、保管会计档案。

5.1.1.11　统计人员岗位职责

(1)统计人员在站长领导下开展工作,负责每天气量统计、核算,认真做好月、季、年度报表,提前做好同用气单位结算的准备。

(2)对每天气量进行统计,参照原始累计读数比较盈亏并填表,做到一日一结。每月报表应交财务一份。

(3)有亏空,应及时同代班班长联系进行自查,确实查不出原因者上报站长和财务处理。

(4)提前做好清换加气单据的准备工作(编号、订册),做好输气加量(合计、小计)的结算工作。

(5)做好槽车及供气单位售气量、用气量的旬报表并上报站长和财务。

(6)妥善保管原始单据备查。

5.1.2 储配站员工安全培训

5.1.2.1 储配站员工安全职责要求

(1)应做到“四懂四会”。站长是防火第一责任人,每个员工都是义务消防队员。

“四懂”:懂火灾危险性、懂预防措施、懂扑救方法、懂疏散方法;“四会”:会报警、会使用灭火器材、会扑救初期火灾、会组织人员逃生。

(2)定期演练。演练周期为每半年组织1次。

(3)遵守“坚持安全第一、预防为主、综合治理”的安全生产方针。

(4)遵守安全生产“三同时”:《中华人民共和国安全生产法》规定了生产经营单位在新建、改建、扩建工程中安全设施必须坚持“三同时”的原则。所谓“三同时”,即建设项目的安全设施,必须与主体工程同时设计、同时施工、同时投入生产和使用。

5.1.2.2 储配站安全生产基本原则

(1)事故处理“四不放过”:事故原因没有查清不放过、当事人未受到教育不放过、整改措施不落实不放过、责任者未受到处理不放过。

(2)安全生产“三违”:安全生产工作严令禁止“违章指挥、违章操作、违反劳动纪律”。

(3)安全生产“三不伤害”:不伤害自己、不伤害他人、不被他人伤害。

5.1.3 储配站员工安全防护管理

(1)为避免或减轻操作员工的事故伤害和职业危害,主管公司须根据作业性质、现场条件、劳动强度和上级有关规定,正确选择配备符合安全卫生标准的防护用品和器具。

(2)各种防护器具应定点存放在安全、方便的地方,并有专人负责保管,定期检查和维护。

(3)操作员工应根据作业条件坚持佩戴防护用品,增强自我防护意识,避免或减轻职业危害。

5.2 日常安全管理

5.2.1 常规巡查

5.2.1.1 一般要求

日常巡检应满足以下要求:

(1)巡检人员必须正确穿戴防静电工作服、鞋和安全帽等劳动防护用品。

(2)巡检人员必须佩戴便携式可燃气体检测报警器。

(3)巡检人员应按照巡检制度规定的路线、时间和巡检点进行巡检。

(4)压缩机房内巡检人员身上不能有悬挂物。

(5)发现异常情况应立即处理,做好处理记录。不能处理的应立即上报,并制定预防控制措施。

(6)巡检人员应做好巡检记录。

(7)储配站应实行每日防火巡查,确定人员、内容、部位、路线等,并建立防火巡查记录。

(8)巡检人员应熟悉设备的工作流程,掌握设备中各个关键控制点,通过观察设备的振动、油液位、颜色,以及听、摸、看、闻等来判断设备的运行情况,做到早发现早处理,减少、避免设备隐患成为设备故障。一线员工要有实际动手能力和在紧急情况下冷静有效地处理设备事故的能力。

5.2.1.2 巡查点及巡查内容

储配站设备多属于压力设备,一旦发生泄漏将会衍生出次生灾害,后果严重,初期处理不及时将无法施救,加强日常巡回安全检查尤为重要,应检查本岗位范围内的生产情况和设备运行情况。

(1)站长、操作人员必须经过专业培训,持证上岗。

(2)巡回检查分为站长的每日安全巡查和操作人员对本岗位的每小时安全巡查。

(3)巡回检查内容:

①所有设备压力表指示是否准确、灵敏,运行温度、振动幅度是否正常。

②低温泵运行是否正常。

③PLC 人机接口显示及电流、电压、温度、压力是否正常。

④安全报警系统以及安全装置(如安全阀、压力开关等)运行是否正常。

⑤电机电流显示是否正常。

⑥洁净气源设备运行是否正常。

⑦气动管路快装接头密封是否存在泄漏。

⑧液位计指示是否正确、灵敏。

⑨气动阀门开关操作是否灵活。

⑩与 LNG 槽车连接情况及各低温管线连接是否可靠,有无泄漏破损。

⑪手动阀门开关操作是否灵活。

⑫过滤器压力表指示是否偏高。

⑬放散阀是否灵活、密闭良好。

⑭气动阀门开启顺序是否符合程序要求。

⑮液体介质是否正常。

⑯罐体连接管有无异常和明显变形。

⑰接地线是否完好可靠。

⑱卸车软管是否良好,快速接头有无漏气、脱枪现象。

⑲潜液泵界面显示是否正常。

(4)巡回检查路线:

巡回检查路线应按照工艺流程确定,从天然气引入储配站开始至潜液泵枪头为止。应将所需检查的设备、设施、操作点、控制点都包括在内,力求线路合理,检查内容全面。

①卸车系统:槽车压力、液位、手气动阀开关状态,泵前后是否存在压力表摇摆和无压差的情况,手气动阀开关状态,LNG 储罐压力、液位情况及泵前后储罐压力对比情况。

②调压系统汽化是否正常,相关容器(槽车、储罐、泵池)压力、温度是否正常。

③电气控制系统是否有报警,流程参数是否正常。

④放空系统各安全放散系统是否正常开关。

⑤潜液泵系统是否存在超压计量问题,显示板等是否显示不清楚,按键板是否存在坏损。

⑥仪表风系统压力是否正常,空压机、冷干机是否正常。

(5)检查方法:

①听声音,检查是否有不正常声音,以判断设备运行情况。

②看仪表显示数、阀门开关位置、设备运行状况,以判断生产工艺过程及设备完好情况。

③摸设备表面,检查温度是否正常,判断设备运行完好情况,紧固件有无松动,设备运转是否平稳。

④有条件的应采用监测巡检设备,利用巡检工具检查设备运行情况。

(6)巡回检查后的处理:根据情况维持原有的操作或采取适当调整措施和有效的安全措施,甚至在情况危急时可紧急停车。

(7)做好检查记录:按照巡回检查内容、周期和路线的要求,填写本岗位巡回检查记录。

(8)装卸作业过程中,操作人员应按装卸操作规程的规定,做好对装卸车辆的安全巡查,并加强与机、泵和储罐操作人员的联系配合,严防槽车、储罐超装。

(9)设备发生故障时及时报修,紧急情况(如火灾、严重泄漏等)时要立即按紧急切断按钮停止全站设备。

5.2.2 日常保养

5.2.2.1 一般要求

设备的日常维护保养和设备的计划检修是保障设备完好率的重要手段。及早发现故障苗头,及时处理,消除故障隐患。

主要手段:摸、听、看、闻、拆、记。

摸:感觉温度变化、设备振动情况、表面磨损情况。

听:听设备噪声、轴承运转有无异常声音。

看:看设备是否有泄漏、颜色是否有变化、表面是否有结霜、工艺参数变化是否符合要求。

闻:闻设备运行部位、电器控制部位及空气中有无异常气味。

拆:对设备进行解体检查。

记:工艺记录和设备档案填写及时、准确、完整。

5.2.2.2 保养点及保养内容

储配站日常保养维护可参照表5-1所示内容进行。

表 5-1　储配站日常保养维护

维护项目	日检	周检	月检	季检	年检	5 年检
排空压缩机空气储罐和分水罐内的存水	√	√	√	√	√	√
排放总管内的湿气	√	√	√	√	√	√
检查加液软管和放空软管是否完好，有无泄漏及损坏，根据情况修理或更换	√	√	√	√	√	√
检查 LNG 潜液泵有无漏点，功能是否灵敏，视情况修理	√	√	√	√	√	√
检查阀门和管线有无漏点，视情况修理		√	√	√	√	√
检查 LNG 潜液泵的接地是否完好		√	√	√	√	√
检查输气接口有无漏点，视情况维修和调整加液速度		√	√	√	√	√
检查消防器材是否完好			√	√	√	√
进行系统功能测试，检验各手动阀、启动阀和电磁阀、紧急关闭系统是否完好			√	√	√	√
启动污水泵，排尽污水，清理雨水坑，对污水泵进行保养			√	√	√	√
检查储配站的接地是否完好，视情况维修				√	√	√
检查各泵撬块的接头是否泄漏，视情况维修				√	√	√
调校火焰探测器、可燃气体探测器				√	√	√
检查储罐环形空间的真空度，视情况维修					√	√
检查真空管的真空度，视情况维修					√	√
检查压力表、液位计和流量传送器是否完好，有无泄漏，视情况维修					√	√
检查在线安全阀有无泄漏，并调校					√	√
更换空气过滤器的过滤网、干燥剂					√	√
更换储罐爆破片						√

5.2.3　储配站其他安全管理要求

5.2.3.1　消防设施管理

（1）站内配置的消防器材均属灭火、抢险专用物资，不准擅自使用、挪用、移动。

（2）消防器材由安全员负责检查和管理，使其保持良好状态。

（3）站内的消防器材须放在明显、便于取用的地点，设置要稳固，铭牌朝外，并有醒目标志且不得影响安全疏散。

（4）消防器材要列入交接班项目，以保证消防器材良好可用。

（5）站内消防器材及设施每周进行一次全面检查和清洗，发现问题要及时上报站长。

(6)灭火器应按要求进行检测,确认粉末是否有结块,气量是否充足,并做到定期换药;灭火器不论使用与否,期满5年及以上时,每隔2年必须进行水压试验。

(7)站内所有灭火器未经许可严禁启放,违者罚款。

(8)灭火器不得放在热源附近,在冬季应做好灭火器的越冬保温工作。

(9)值班人员对消防器材要做到一天三查,即接班时、当班时、交班时进行检查,如有丢失或损坏,谁当班,谁赔偿。

(10)每位员工都要了解消防器材的使用方法,做到正确操作,熟练使用。

(11)灭火器的维护与保养:

①经过维修的灭火器必须符合该产品的国家标准或行业标准。

②灭火器筒体应由维修单位按规定期限进行试压检查,发现筒身有损伤、焊缝外观质量不符合要求的,也应进行试压检查。

③灭火器的橡胶、塑料件不得用有机溶剂洗涤,变形、变色、老化或断裂的必须更换。

④压力表不得有变形、损伤等缺陷,否则应更换压力表,压力值的显示应正常。

⑤喷嘴有变形、开裂、损伤等缺陷的,必须更换;防尘盖应保证灭火剂喷出时能够自行脱落或击碎。

⑥灭火器的压把、阀体等金属件不得有严重损伤、变形、锈蚀等影响使用的缺陷,顶针不得有肉眼可见的缺陷,否则必须更换。

⑦密封片、密封垫等密封零件应符合密封要求,否则必须更换;干粉灭火器的防潮膜如有损坏,必须更换。

⑧灭火器的出气管不应有弯折、堵塞、损伤和裂纹等缺陷,否则必须更换。

⑨所有需更换的灭火器零部件应尽可能采用原厂产品;若采用其他厂的零部件,必须符合国家标准或行业标准。

⑩经维修后的灭火器,必须在灭火器的筒身和储气瓶上分别贴上永久性维修铭牌。

5.2.3.2 电气设施管理

(1)站内外所有变电设备、配电设备、动力设施、照明电器,未经允许任何人不准擅自移动或挪作他用,如确因生产检修等原因需改动或改变用途,必须以书面形式向公司主管部门提出,经研究批准后方可进行。

(2)电工作业须持有国家安全生产监督管理局核发的特种作业操作证,方可从事电气维修安装工作;电气维修安装作业应有两名以上电工配合工作,电气维修安装作业不准单人单独进行。

(3)各部门因生产需要所配置的变压器、配电柜、电动机及带金属外壳的电力开关等电气设施,应具备良好的保护措施,接地线应按规定设置,接地保护线需单独设置,严禁将接地线接在建筑物和其他设备上。

(4)电工承担公司的电气设备维修任务,对生产区域的动力设备及照明设备应定期进行保养并经常检查配电柜、开关柜和电机运转情况,发现问题及时处理。

(5)生产区域是易燃易爆场所,所有的电气设备的防爆对安全生产都有着重大意义,电机、电缆、配电及照明等均可能因过负荷、绝缘损坏、接触不良等原因成为混合性易燃易爆气体的引发火源,造成严重后果,因此应严格按要求正确使用防爆电气设备。

(6)储配站电器及线路的选型、安装必须符合用电区域防爆等级要求。

(7)储配站须认真执行当地电业管理部门的安全用电管理规定。

(8)电气设备及电线、电缆严禁超负荷工作。

(9)用电警示标志须醒目,防护用具要完好、有效。

(10)电气设备和线路应参照有关规程做好适时修理和报废。

(11)要定期检查、测试设备、管线的导静电接地装置并保证完好有效。

(12)在停电状态下,应使用防爆安全电筒。

(13)对储配站内的电气密封要定期进行检查,如发现密封不良,必须用防爆工具立即修复或更换。

(14)每季度做一次设备有效性检验,做好检验记录并入档保存。

(15)电气设备附近严禁堆放易燃物品。

(16)在高强闪电和雷击频繁时,应停止输气,必要时须切断电源,待雷击过后,再正常输气。

(17)设备运行过程中,若发现异味、变声等异常情况,应及时采取措施并反映给相关人员进行处理。

5.2.3.3 泄漏报警及视频监控设施管理

1.视频监控系统

储配站视频监控系统、火灾报警系统及可燃气体检测报警系统应由专人负责管理,并应定期进行检查和维护。

2.可燃气体检测报警系统

(1)安装和使用的可燃气体检测报警器应有经国家指定认可的计量器具制造认证、防爆性能认证和消防认证。

(2)可燃气体检测报警器报警(高限)设定值应小于或等于可燃气体爆炸下限浓度(体积分数)值的25%。

(3)储配站每周应对可燃气体检测报警器自检系统进行一次试验,检查指示系统运行状况。

(4)储配站每两周对可燃气体检测报警器进行一次外观检查,项目包括连接部位、可动部件、显示部位和控制旋钮、故障灯、检测器防爆密封件和紧固件、检测器防水罩、现场报警器。

3.火灾自动报警系统

(1)站内宜设置火灾自动报警系统,并有专人负责。

(2)系统的操作维护人员应是经过专门培训,并经消防监督机构组织考试合格的专门人员,值班人员应熟悉本系统的工作原理和操作规程,并应熟悉本单位火灾自动报警系统的报警区域和探测区域的划分。

(3)站内应具有系统竣工图、设备技术资料、使用说明书、调试开通报告、竣工报告及操作使用规程等有关资料。

(4)系统投入正常使用后,应按定期检查制度进行定期检查和试验。

每日检查:使用单位值班人员每日应检查集中报警控制器和区域报警控制器的功能

(如火警功能、故障功能、复位、消音等)是否正常,有关指示灯是否损坏,并将每日检查、处理问题情况进行记录。

每周检查:进行主、备电源自动转换试验,并做好记录。

季度检查:探测器的动作是否正常,确认灯显示是否清晰,声、光显示是否正常,并做好记录。

季度试验:用专用加烟(或加温)试验器对安装的所有探测器进行检查试验,至少全部检查试验一遍,并做好记录。

5.2.3.4 设备安全管理

(1)储配站设备安全责任人为站长。

(2)认真学习和执行国家相关部门制定的安全生产、劳动保护、消防政策,严格遵守企业的各项安全管理制度和设备安全操作规程。

(3)操作人员须熟悉和了解各设备及外露、隐蔽工程管线的结构、性能及工艺流程。

(4)操作人员须严格遵守操作规程,合理维护设备,坚持"清洁、润滑、调整、紧固、防腐"的"十字"作业方针,严禁设备超温、超压、超负荷和带病运行。

(5)操作人员须严格执行设备润滑管理制度,搞好润滑"四定",即定质、定量、定时、定人。

(6)设备的使用、维护保养必须贯彻"管用结合、人机固定"的原则,实行定人、定机、定保养。

(7)台台设备、条条管线、个个阀门、块块仪表要有专人管理,做到正确操作,及时维护保养。

(8)设备与管线必须严格按照额定规程工作,绝不允许超负荷运行。

(9)操作人员须不断提高技术水平,对所使用的设备必须做到"四懂""三会""三好",即:懂设备结构、性能、原理、用途;会使用、会保养、会排除故障;管好、用好、维护好设备。

(10)操作人员须每周对场站及设备进行一次全面清洁,确保设备、管道、阀门、地面的整洁,做到文明生产。

(11)操作人员须每隔 1 h 对低压脱水装置进行巡检,观察各压力表和温度计显示是否正常,压缩机工作是否正常,各阀门是否有泄漏等。

(12)每班在停机状况下,对储配站压缩机进行一次排污;每周在停机状态下对潜液泵进行一次排污。

(13)操作人员必须在交接班时对设备进行一次全面检查,用听、看、摸、闻等方法检查设备运行的声音、压力、温度、润滑情况、仪表情况及设备是否有异味和泄漏。如发现异常现象,应及时报告,及时停车,查明原因,并做好记录,在未处理之前不得盲目开车。

(14)维修人员要和岗位操作人员密切配合,定期上岗检查,主动了解设备运行情况,发现异常情况及时处理,以保证输气设备、阀门开启和关闭灵敏有效,无泄漏、无故障运行。

(15)在设备的使用中应做到"日常保养为主,专业修理为辅"。

(16)专用设备必须按照国家、地方、公司制订的"设备检查维修计划"严格进行定期检验和维护;设备临时出现的故障,需要提前进行检验和维修的,可比原计划提前进行。

(17)新购入的专业设备必须经有关专业部门验收,不符合标准的设备禁止投入使用,并责令购置部门从速退货。

(18)每台设备均须有齐全、准确、保管良好的技术档案、维修记录、运行记录。

(19)加强巡回检查,做好各项记录,及时消除不安全因素,不能处理的问题要及时上报。

(20)积极提出有关安全生产方面的合理化建议,消除隐患,做到安全、文明生产。

(21)严格执行交接班制度,认真填写本班设备运行和操作记录,如发生事故,要及时、如实地向上级汇报,并保护好现场,做好记录。

5.2.3.5　站内施工管理

1. 施工审批

(1)入站施工队,应到公司办理《施工许可证》或签订《工程安全管理协议》,施工人员进站施工应佩戴进站工作卡。

(2)站内任何动火作业必须按照动火手续审批后,方可施工。

(3)如有危险作业施工,施工队应预先做好施工方案并报公司技术、安全管理部门审批后,方可实施。

2. 施工标准

(1)施工现场应设立护栏、路障、隔离带、警示灯等安全标志。

(2)施工队伍应配备必要的灭火器材。

(3)施工完毕后,施工队伍应立即清理施工现场。

3. 施工人员管理

(1)施工人员由公司进行进站前安全教育,再由站区工作人员对其进行进站安全教育后方可进站施工。

(2)施工人员必须严格遵守站内各项安全管理规定。

(3)施工人员应着装整齐,严禁光背、赤脚等不文明行为。

(4)施工人员未经站长许可禁止动用站内的各种设施。

(5)施工人员严禁在站内随意走动。

5.2.3.6　事故管理

1. 安全事故上报制度

2007年3月28日国务院第172次常务会议通过了《生产安全事故报告和调查处理条例》,并自2007年6月1日起施行。该条例对安全生产事故的上报、调查等做了严格要求。

2. 安全生产事故分类

根据生产安全事故(以下简称事故)造成的人员伤亡或者直接经济损失,事故一般分为以下等级:

(1)特别重大事故,是指造成30人以上死亡,或者100人以上重伤(包括急性工业中毒,下同),或者1亿元以上直接经济损失的事故;

(2)重大事故,是指造成10人以上30人以下死亡,或者50人以上100人以下重伤,或者5 000万元以上1亿元以下直接经济损失的事故；

(3)较大事故，是指造成3人以上10人以下死亡，或者10人以上50人以下重伤，或者1 000万元以上5 000万元以下直接经济损失的事故；

(4)一般事故，是指造成3人以下死亡，或者10人以下重伤，或者1 000万元以下直接经济损失的事故。

3. 事故报告

(1)事故报告应当及时、准确、完整，任何单位和个人对事故不得迟报、漏报或者瞒报。

(2)任何单位和个人不得阻挠和干涉对事故的依法调查处理和报告。

(3)对事故报告和调查处理中的违法行为，任何单位和个人都有权向安全生产监督管理部门、监察机关或者其他相关部门进行举报，接到举报的部门应当依法及时处理。

(4)事故发生后，事故现场有关人员应当立即向本单位负责人报告；单位负责人接到报告后，应当于1 h内向事故发生地县级以上人民政府安全生产监督管理部门和负有安全生产监督管理职责的有关部门报告。

(5)情况紧急时，事故现场有关人员可以直接向发生地县级以上人民政府安全生产监督管理部门和负有安全生产监督管理职责的有关部门报告。

4. 事故报告内容

事故报告应当包括下列内容：

(1)事故发生单位概况；

(2)事故发生的时间、地点以及现场情况；

(3)事故的简要经过；

(4)事故已经造成或者可能的伤亡人数(包括下落不明人数)和初步估计的直接经济损失；

(5)已经采取的措施；

(6)其他应当报告的情况。

5.2.3.7 环境管理

(1)严格执行国家及当地政府部门有关环境保护、节能减排的政策、法律、法规和规定，设立兼职环保节能管理员，负责储配站的环保、绿化和节能工作。

(2)节约用水、用电，搞好冷却水的循环使用，加强设备的维护、保养，防止漏气、漏水、噪声过大等造成浪费和对环境造成污染。

(3)减少废气的排放，防止对大气造成污染。

(4)天然气中分离出的油水混合物应集中处理，严禁随意排放。

(5)采取有效措施，降低噪声，防止噪声扰民，加强与当地环保部门的沟通协调。

(6)搞好储配站绿化及环境卫生工作，创造优美的工作环境。

5.2.3.8 安全教育管理

安全警示标语“十大禁令”如下：

(1)严禁在站内吸烟；

(2)严禁在站内生产区域进行车辆检修等易产生火花的作业；

(3)严禁机动车辆在站内生产区域不熄火输气；

(4)严禁在站内生产区域穿脱、拍打能产生静电的衣服；

(5)严禁在站内生产区域使用手机及非防爆电器；

(6)严禁在站内就地排放易燃易爆物料及化学危险品；

(7)严禁在站内用汽油等易挥发溶剂擦洗设备、衣物、工具及地面等；

(8)严禁行人、自行车在站内穿行；

(9)严禁非本岗位操作人员进行输气作业；

(10)严禁驾驶员远离槽车。

5.2.3.9 安全警示标语“进站须知”

(1)储配站是甲级防火单位，站内禁止烟火，任何人不得在站内吸烟，不得携带火种进入站区，站内动火必须按动火级别办理动火报告；

(2)进站人员不准穿带钉子鞋和穿化纤衣服接近站内设备，以防静电和摩擦出火花；

(3)非本站上岗工作人员，不得随意动用站内各设备、设施，不得擅自操作设备；

(4)槽车须符合安全条件方能进站输气，不准违规输气，非槽车不准进入站区，严禁在站内修车；

(5)闲人严禁入内，外单位参观学习人员须经有关领导同意，并由本单位负责人陪同方能进入工作区，并遵守站内一切安全规定；

(6)严禁酒后上岗，严禁违章操作；

(7)进站车辆须经储配站人员检查登记，加戴防火帽后按指定区域行驶或停放。

5.3 应急安全管理

5.3.1 储配站应急预案组成

5.3.1.1 储配站应建立的应急预案

(1)防火灾爆炸事故应急预案。

(2)防洪防汛应急预案。

(3)防燃气泄漏应急预案。

(4)防自然灾害(大风、地震、雷击、山体垮塌等)应急预案。

(5)防盗窃、破坏应急预案。

(6)防环境污染应急预案。

5.1 LNG **槽车泄漏应急处置方案**

5.2 LNG **软管泄漏应急处置方案**

5.3.1.2 储配站应制定的消防应急预案的内容

(1)应急组织和指挥系统的架构。

(2)地理位置，储罐数量、容积，潜液泵数量。

(3)建筑物的结构形式、耐火等级、面积、高度、内部设施及相互间的距离。

(4)人员的配备、分工，警卫力量的布置，物资抢救、人员疏散措施及相应的操作程序。

(5)消防器材的数量、摆放位置、应急补充措施。

(6)对外联络及外援力量的部署、指挥等。

5.3.2 储配站应急预案案例

储配站火灾、爆炸事故专项应急预案

根据《中华人民共和国安全生产法》《中华人民共和国消防法》《×××区燃气管理条例》《城镇燃气设施运行、维护和抢修安全技术规程》《特种设备安全监察条例》《锅炉压力容器压力管道特种设备事故处理规定》的精神,为及时控制和消除突发事故的发生,建立紧急情况下,快速、有效地组织事故救援和应急机制,最大限度减少人员伤亡和经济损失,结合本单位实际情况,特制订本预案。

1 事故类型和危害程度分析

1.1 事故类型

储配站经营过程中主要涉及易燃气体,使用的主要设备有LNG储罐、LNG潜液泵、汽化器,主要危险源有LNG储罐、LNG潜液泵、汽化器。事故类型:火灾、爆炸。

1.2 事故诱因

储配站储存的危险化学品液化天然气具有易燃的特性,遇明火、高热、氧化剂能引起燃烧;其蒸气与空气形成爆炸性混合气,当其蒸气与空气混合物浓度达到爆炸极限时,遇到火源会发生爆炸事故。在储存上述危险化学品的过程中,如果管理不到位,存在火灾爆炸的潜在危险。

LNG的泄漏是引起火灾爆炸的直接原因,常见的泄漏情况主要有:①管线泄漏/破裂(液体管线);②汽化器等设备发生管道破裂;③由于超压导致储罐或容器破裂/毁坏;④阀门泄漏或堵塞;⑤非正常停电或仪表失灵等。

LNG泄漏可使泄漏源附近存在发生火灾、爆炸事故的危险性。若发生火灾,由于燃烧产生的强烈的空气对流,会对设备造成进一步的损坏,扩大事故的严重性;热辐射也将对人体造成伤害。

1.3 事故预防和应急措施

储配站经营过程中,为避免火灾爆炸事故,主要采用以下预防和应急措施:

(1)站内在各处安装摄像头,监控站点内日常活动。

(2)站内安装各种监控设施:罐区附近安装可燃气体报警器、火焰报警器、温度传感器、罐区监控摄像头等各种监控设施。

(3)操作室内安装各类监控设备的显示器及报警器,操作人员在操作室内监控站内总体情况及罐区、作业区内运作情况。

(4)操作人员每天定时到罐区及作业区查看情况,检查各种设备是否正常运行,罐区有无泄漏。

(5)加强储配站的火种管理,严禁烟火(火柴、香烟和打火机)和使用手机,机动车熄火加气等。

(6)加强现场的检查,特别是防雷、防静电的检查,确保防雷、防静电有效。

(7)对消防器材和安全设施应定期进行检查,使其保持良好状态。

(8)加强设备维护保养管理,机泵设备转动部位要保持清洁,防止因摩擦引起杂物等燃烧。

(9)作业场所根据要求增设安全警示标志。

(10)加强电气管理,对电气设备定期进行维护和保养,发现电气设备绝缘不良及线路绝缘老化,要及时更换电气设备、线路。

2　应急处置基本原则

根据储配站实际,坚持“以人为本、预防为主、快速反应、平战结合”的应急处置基本原则。

3　组织机构及职责

3.1　应急组织体系

公司由安全生产委员会兼任事故应急救援领导小组,公司安全生产委员会由总经理、副总经理、生产与安全管理部组成。公司应急救援组织机构由应急指挥部、应急办公室、警戒组、疏散组、抢险组、医疗组、安全协调组等组成,应急救援组织架构见图5-1。

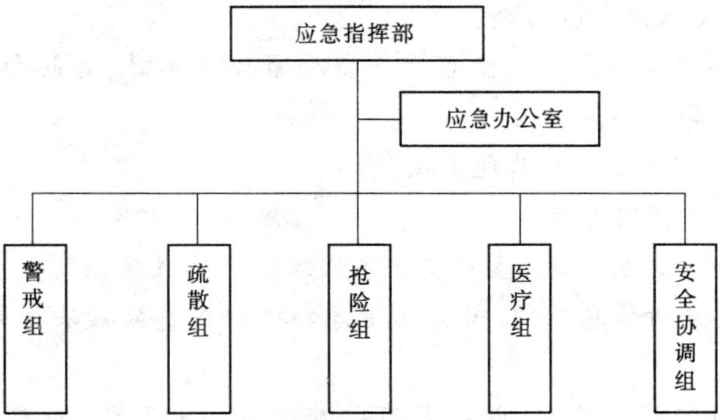

图5-1　应急救援组织架构

依据生产安全事故的类别、危害程度、级别和从业人员的评估结果,设置应急救援组织机构,成立生产安全事故应急救援指挥领导小组,下设应急办公室(设在生产与安全管理部)。生产安全事故应急救援指挥领导小组由安全生产委员会、生产与安全管理部、工程建设部、行政管理部、市场开发部、商务合同部、计划财务部等组成。发生重大事故时,以领导小组为基础,立即成立生产安全事故应急救援指挥部,总经理任总指挥,副总经理任副总指挥,负责本公司应急救援工作的组织和指挥,现场指挥部设在事故单位的安全地点。当发生事故,总指挥外出不在公司时,由副总指挥接任,全权代理总指挥负责应急救援指挥工作。

3.2　指挥机构及职责

3.2.1　组成人员分工

(1)总指挥(总经理):负责组织、指挥公司的应急救援。发生重大事故时,发布和解除应急救援指令;组织指挥公司应急队伍实施救援行动;向上级汇报,向友邻单位通报事故情况,必要时向有关单位发出救援请求;组织事故调查,总结应急救援经验教训等。

(2)副总指挥(副总经理):协助总指挥负责应急救援的具体指挥工作,总指挥不在时，行使总指挥职责。

(3)现场指挥长职责：无论在任何时候发生事故，现场应急指挥首先进入指挥岗位；接到电话后，必须赶到事故现场，做好指挥调动等工作。及时向公司应急指挥部、总指挥或副总指挥报告现场情况；清楚估算事故的严重性及危害程度，公司的应急力量是否有足够的能力进行处理，决定是否报告社会力量或有关部门人士协助处理；事故平息后，应尽快安排有关人员处理善后工作(包括事故调查、恢复生产及安顿伤亡人员等)。

(4)各成员单位职责：服从总指挥、副总指挥和应急指挥部的命令，根据本单位的分工开展应急救援工作。

3.2.2　应急指挥部职责

(1)领导、组织、协调储配站液化天然气生产安全事故应急救援工作；

(2)负责启动公司生产安全事故应急救援预案，做出应急救援决策；

(3)统一指挥，检查督促相关部门参与应急救援工作；

(4)负责对事故应急工作进行督察和指导；

(5)必要时向××市燃气处和区安监部门报告事故情况并请示启动市、区级预案；

(6)负责发布、关闭应急救援令；

(7)政府有关部门向社会公众发布生产安全事故信息时，协助向政府有关部门提供事故信息，以稳定社会秩序；

(8)办理应急总指挥交办的其他事项。

3.2.3　应急办公室职责

(1)组织编制和修订公司的《生产安全事故综合应急救援预案》，整合各项应急资源，规范专业预案，汇总分析信息，为公司应急指挥部提供应急救援决策服务，组织综合应急救援演习。

(2)建立应急救援网络体系，明确各有关应急部门的职责；对整个应急过程进行指导，协调各专业现场指挥组开展施救，确保所有相关部门互相沟通和通力合作。

(3)负责建立应急救援专家组，组织专家开展应急救援咨询服务工作。

(4)接到报警后，跟踪、分析事故发展态势和严重程度，预测危险区域和社区疏散区域等资料信息，提请公司应急指挥部启动预案。

(5)协助应急指挥部、协调各专业应急组实施救援或提供救援保障。

(6)与发生事故单位(部门)和现场指挥部保持密切联系，及时向应急指挥部报告，并将应急指挥部领导的指示传达给有关单位。

(7)预测事故影响区域内的人口数量和脆弱人群数量、疏散情况等，及时向应急指挥部报告。

(8)及时办理应急指挥部领导交办的各项任务。

(9)及时向政府部门报告事故应急救援情况。

(10)协助应急指挥部及时发布事故应急救援信息。

(11)负责事故调查和疏散人员的转移安置工作。

(12)检查督促有关单位做好善后处理以及恢复生活、生产秩序等工作，提请应急指挥部发布应急救援预案关闭令。

3.2.4　应急救援小组职责

3.2.4.1　消防抢险组职责

其任务是当事故发生时，根据事故的性质立即组织消防应急队员赶到现场，控制危险源，开展火灾扑救、现场人员搜救、设备容器的堵漏及人员疏散等工作。

(1)熟悉公司所属单位的地形、地貌及各类设备的特性、特征，以及液化天然气的理化特性。

(2)熟悉各种灭火器材、设施的用途、操作方法、存放地点及使用范围。

(3)了解各种抢险的方法、路线和抢修工具、器械、配件的存放地点等。

(4)当发生事故时，全组人员必须迅速赶到事故应急集合点，听从组长的安排，根据指挥部的命令，迅速开展火灾扑救、物资抢救工作。

(5)公安消防队到达现场后，协助公安消防队进行消防抢险工作。

(6)负责协助公安消防队在事故控制后的现场洗消工作。

3.2.4.2　警戒疏导组职责

其任务是负责现场治安、警戒、交通管制、指挥群众疏散等。

(1)当发现事故时，立即在事故现场设立警戒线，维护现场交通秩序，保障站区内外道路畅通。

(2)保护事故现场，禁止无关人员进入事故现场，对出入事故现场的人员做好记录。

(3)负责组织事故和受波及区域的员工(或群众)疏散和清点人数，报告指挥部。

(4)负责疏散人员安置工作。

3.2.4.3　医疗救护组职责

其任务是负责抢救受伤、中毒窒息人员。

(1)负责对现场受伤人员的紧急救治；

(2)负责护送重伤人员到医院救治。

3.2.4.4　公共关系协调组职责

其任务是根据事故发展动态，及时向上级部门报告，同时向周边通报事故情况。

(1)负责对内对外联系，准确报警，及时向社会救援组织传递安全信息，发布险情，进行现场与外界的有效沟通，以获得有力的社会支援。

(2)负责事故应急救援的通信保障，根据应急救援过程的通信需要提供通信服务，确保畅通。

(3)正确引导媒体，避免不良社会影响。

3.2.4.5　资源保障行动组职责

其任务是根据事故发展动态，负责事故应急救援处置过程中的应急资金、物资供给、交通运输保障、供水保障、供电保障和通信保障等工作。

(1)制订应急资金、物资调拨、配送方案，保障应急救援所需的物资供应。

(2)安排事故应急救灾资金，组织实施资金分配和资金拨付，对救灾资金的使用进行监督、检查，保证救灾款及时到位。

(3)负责调动应急救援过程物资运送和人员疏散所需车辆。

(4)负责处理事故现场用水的调度。

(5)负责处理事故现场供电故障的处理或实施临时断、送电作业的调度。

4 预防与预警

4.1 危险源的监控与预防

4.1.1 危险源监测监控的方式、方法

(1)站内在各处安装摄像头,监控站点内日常活动。

(2)站点内安装各种监控设施:罐区附近安装可燃气体报警器、火焰报警器、温度传感器、罐区监控摄像头等各种监控设施。

(3)操作室内安装各类监控设备的显示器及报警器,操作人员在操作室内监控站内总体情况及罐区、作业区内运作情况。

(4)操作人员每天定时到罐区及作业区查看情况,检查各种设备是否正常运行,罐区有无泄漏。

4.1.2 采取的预防措施

(1)加强储配站的火种管理,严禁烟火(火柴、香烟和打火机)和使用手机,机动车熄火加气。

(2)加强设备维护管理,定期检查各定点配置的消防器材、可燃气体报警仪、带压堵漏工具、防爆工具、储罐区喷淋系统、消防应急供水、应急电源和防护用品(包括正压空气呼吸器、急救药品等)情况,保持消防通路通畅,确保消防设备、抢险工具、设施和器具全部处于临战状态。

(3)加强现场的检查,特别是防雷、防静电的检查,确保防雷、防静电有效。

(4)加强设备维护保养管理,机泵设备转动部位要保持清洁,防止因摩擦引起杂物等燃烧。

(5)所有电气、仪表等均安装符合防爆等级的电气设备。对建筑物、储罐、管线、充装和传输设备设施采取防雷、防静电接地措施。

(6)加强电气管理,对电气设备定期进行维护和保养,发现电气设备绝缘不良及线路绝缘老化,要及时更换电气设备、线路。

(7)落实有关压力容器及安全附件的检测、维护、保养制度,确保压力容器及安全附件的安全及使用处于正常状态。

(8)发生火灾事故时,根据现场情况采取堵漏、灭火措施。

(9)加强预案演练工作,不断完善事故应急救援预案。

4.2 预警行动

4.2.1 事故预警条件

(1)当发生泄漏时,通过可燃气体浓度检测探头向值班室可燃气体报警器发出警报预警。

(2)当发生火灾、爆炸事故时,向外部预警。

4.2.2 事故预警方式、方法

一般通过仪器检测预警或现场人员发现异常进行预警。

4.2.2.1 现场人员报警

当现场人员发现以下所列的事故时大声呼叫预警:

(1)当某部位的可燃可爆气体浓度达到爆炸下限的20%时,这个部位的可燃可爆气体探测仪立即将报警信息反馈到值班室,由值班人员立即到报警地点进行排查,直到故障排除。有任何异常,由值班室向公司应急办公室报告。

(2)通过液位监控、视频监控、定期巡查,发现事故征兆(如泄漏或火灾时),立即向公司应急办公室报告。

当发生下列事故时,大声呼叫预警:

(1)发生火灾、爆炸事故;

(2)发生泄漏事故;

(3)发生冻伤事故。

4.2.2.2 值班人员报警

值班人员接到可燃气体浓度探测器发出的警报报警时向站长、公司应急办公室报警。

4.2.2.3 预警方式方法

通过固定电话或手机向有关部门和人员预警。

4.2.3 信息发布程序

信息由应急指挥部发布。

(1)公司应急办公室接到预警信息,应立即向应急指挥部报告。

(2)应急救援总指挥根据现场火灾、爆炸事故的严重程度,确定预警级别后,通知应急指挥部统一发布预警信息,同时启动预警信号(或事故喇叭)。各应急组织与部门根据发布的预警级别,开展应急宣传、救援与人员疏散工作。

(3)预警信息发布内容:事故的类别、位置,事故性质,预警级别,起始时间,可能影响范围,警示事项,应采取的措施和发布机关等。

5 信息报告程序

5.1 报警系统及程序

一旦发生火灾、爆炸事故,最早发现者应立即大声呼叫,或快速跑步向储配站值班人员报警,而后逐级上报。

5.2 确定现场报警方式

(1)大声呼叫。

(2)报警器报警。

对内值班室通过按动警报器进行预警;对外通过固定电话或手机向有关部门和人员预警。

5.3 确定24 h与相关部门的通信、联络方式

(1)24 h有效的内部通信联络手段:

24 h应急值守电话:×××-×××××××××。

(2)24 h有效的外部通信联络手段:

火警:119。

盗警:110。

急救电话:120。

市燃气主管部门应急电话:×××-×××××××××。

5.4 明确相互认可的通告、报警形式和内容

储配站值班人员或站长接到报警后，立即命令按动警报器预警，并迅速用电话通知有关部门和指挥部成员及各专业救援队伍迅速赶往事故现场。

5.5 明确应急反应人员向外求援的方式

发生火灾、爆炸事故后，立即组织消防应急队员展开灭火救援，同时向公司应急指挥部报告，启动公司应急预案，用电话向119消防报警台和街道应急办及区应急办报警。

打119火警电话报火警，说清下列内容：

(1)单位名称、地址、电话、报警人姓名；

(2)什么物资着火；

(3)火势火情如何。

6 应急响应

6.1 响应分级

针对火灾、爆炸事故危害程度、影响范围和单位控制事态的能力，将事故分为不同的等级。按照分级负责的原则，明确应急响应级别。

应急响应级别分为公司二级响应(储配站级响应)、公司一级响应(公司级响应)和厂外社会应急响应。由公司生产安全事故应急救援“指挥领导小组”宣布预案应急响应启动。

6.1.1 二级响应

当管道、罐区、潜液泵等因泄漏或其他原因引发着火事故在初始阶段时，启动二级响应。

6.1.2 一级响应

当发生下列情形时，报告公司应急指挥部启动一级响应：

(1)当启动二级响应后，仍不能处置时；

(2)当发生管道、储罐、运输槽罐车等大量泄漏时。

6.1.3 厂外社会应急响应

当发生下列情形时，请求启动厂外社会应急响应：

(1)当启动一级响应后，仍不能处置时；

(2)当液化天然气储罐本体及其他附件发生破裂等不可能在短时间处理的泄漏和着火时；

(3)当发生雷电、地震、台风、暴雨、洪水等造成不可抗力的自然灾害，引发火灾或爆炸事故时。

6.2 应急响应程序

(1)站内所有人员，不论任何时候，事故最早发现者应立即向站长或值班人员报告，清楚说明事故的位置及严重程度，并应立即采取一切办法切断事故源。

(2)值班人员或站长接到报警后，应迅速通知有关部门，要求查明事故部位和原因，同时向应急办公室、应急指挥部发出警报，应急指挥部通知指挥部成员及消防应急队和各专业救援队伍迅速赶往事故现场，展开应急救援。

(3)指挥部下达按应急救援预案处置的指令后，公共关系协调组立即向市燃气处、公

安、安监、环保、卫生和质监等政府部门报告事故情况。

6.2.1　二级响应程序

(1)当发生事故或接到指挥部应急响应的命令后,立即启动二级响应,由站长任现场指挥。

(2)命令事故所在范围的作业人员迅速采取措施,并根据事故的程度,立即停机,停止加气作业,关闭液化天然气输送管道的阀门,开展抢险处置工作。当公司指挥部人员到达现场后,应立即报告事故情况和采取的应急安全措施。

(3)站内各应急小组接到命令后,迅速赶到现场展开应急救援工作。

(4)如果事态能得到有效控制,可恢复应急程序;如果事故扩大,响应升级,立即向公司或政府部门报告,请求应急支援。

6.2.2　一级响应程序

(1)公司的一级响应,由总经理任总指挥。

(2)公司各有关部门、各应急小组接到命令后,迅速赶赴现场展开应急救援工作。

(3)如果事态能得到有效控制,可恢复应急程序;如果事故扩大,响应升级,立即向政府部门报告,请求应急支援。

储配站火灾、爆炸事故应急响应程序见图 5-2。

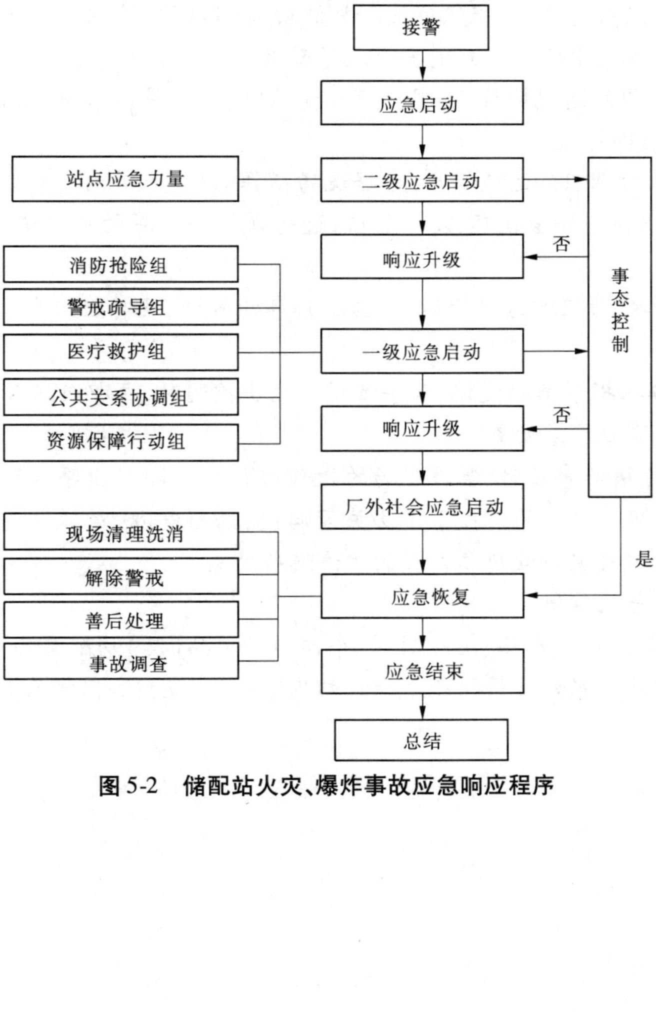

图 5-2　储配站火灾、爆炸事故应急响应程序

6.3 处置措施

6.3.1 火灾事故应急处置

(1)发现火情,现场工作人员立即采取措施处理,防止火势蔓延并迅速报告。初起火灾,着火面积较小,起火现场的操作人员应切断泄漏源,从源头上消灭火灾,正确使用消防器材,按正确的灭火方法灭火,力争在火灾初期得到控制、扑灭火灾,力求最小的事故损失。

(2)当现场人员不能及时扑救,启动了公司应急预案时,公司应急救援指挥部接到报告后,应立即组织力量展开着火区域堵漏、火灾扑救,指挥各应急小组展开应急救援工作。

(3)消防抢险人员到达现场后,应佩戴好防护用品,立即启动消防水泵,驳接好消防水带,用泡沫灭火器扑救火灾,隔离现场,切断电源、火源,防止事故扩大、蔓延。扑救火灾时,若有作业人员困于火场之中,要优先救人,即"先救人,后救物"。

若火灾快速蔓延,可能影响周边建筑物时,应对可能被影响的建筑物喷水进行冷却。

公安消防队到来后,应将事故情况向公安消防队说明清楚。应急队员服从公安消防队的指挥。如事故扩大有危及生命危险时,应急队员应尽快撤离到安全地方。

(4)警戒疏导组到达现场后,担负治安和交通指挥,组织纠察,在事故现场周围设岗,划分禁区并加强警戒和巡逻检查。如当事故扩大危及周围人员安全时,立即扩大警戒范围。同时,立即组织人员撤离,组织有关人员协助友邻单位、过往行人在政府指挥部指挥协调下,向上侧风方向300 m以外的安全地带疏散。

(5)医疗救护组到达现场后,当现场有人受伤时,对伤员进行清洗、包扎等急救处置,重伤员及时送往医院抢救。

(6)公共关系协调组到达现场后,根据现场指挥的命令,对内对外联系,准确报警,及时向社会救援组织传递安全信息,发布险情,进行现场与外界的有效沟通,以获得有力的社会支援。

(7)资源保障行动组到达现场后,根据指挥部的命令,及时组织事故抢险过程中所需物资的供应、调运。

(8)现场指挥根据事态的变化,如事故扩大无法控制时,立即组织人员撤离。

6.3.2 爆炸事故应急处置

当储配站发生爆炸事故时,爆炸现场的操作人员应立即撤出事故现场。消防应急人员赶到现场后,在确认安全的前提下设法关闭阀门,切断气源,对罐区进行保护。爆炸后发生的火灾事故,按火灾事故应急处置的方法进行处置。

7 应急物资与装备保障

应急救援装备、物资、药品、消防器材、个体防护用品(具)均配置齐全,并规定定期检查保养,使其经常处于完好可用状态。储配站应急装备、设施和器材清单见表5-2。

表 5-2　储配站应急装备、设施和器材清单

设备名称	规格型号	数量	存放地点	责任人	联系电话
可燃气体检测仪		1 个	工具柜		
便携式防爆灯		1 个	工具柜		
电话	录音防爆型	1 台	办公室内		
警戒带	200 m	1 盘	工具柜		
雨衣		9 件	办公室内		
雨靴		9 双	办公室内		
消防水带	100 m	5 条	消防箱		
消防扳手		2 把	消防箱		
消防水枪		2 个	消防箱		
安全面罩		3 个	办公室内		
防静电工作服		9 套	办公室内		
安全鞋		9 双	办公室内		
劳保手套		9 双	办公室内		
防爆活动扳手		1 把	工具柜		
防爆梅花扳手		1 把	工具柜		
防爆开口扳手		1 把	工具柜		
急救药箱		1 个	办公室内		

第6章 岗位考核大纲(试行)及题库

6.1 岗位考核大纲(试行)

6.1.1 大纲说明

本大纲依据《城镇燃气管理条例》和国家相关法律法规、标准规范等有关规定编制，适用于全国燃气经营企业燃气设施运行、维护和抢修人员的专业培训与考核。专业培训考核要点，主要包括法律法规及标准规范、燃气经营企业管理、通用知识和燃气专业知识等四个主要部分。

6.1.2 考核内容配比

序号	培训考核要点	运行、维护和抢修人员
1	法律法规及标准规范	15%(侧重标准规范)
2	燃气经营企业管理	5%
3	通用知识	30%
4	燃气专业知识	50%

6.1.3 考核要点

6.1.3.1 法律法规及标准规范

1. 法律法规

(1)《城镇燃气管理条例》的主要内容；

(2)燃气安全事故处置、劳动管理等方面的法律法规的主要内容；

(3)安全生产法律体系的框架和法律法规等主要内容；

(4)燃气企业从业人员的权利保障、义务履行和法律责任。

2. 标准规范

(1)城镇燃气有关国家标准、行业标准中强制性条文以及涉及城镇燃气运行、维护、抢修方面的条文；

(2)城镇燃气气质标准中涉及安全的内容；

(3)城镇燃气有关国家标准、行业标准中涉及城镇燃气用户安全的条文；

(4)城镇燃气有关国家标准、行业标准中涉及燃气服务的条文。

6.1.3.2　燃气经营企业管理

(1)经营:岗位责任制度、操作规程、企业发展规划的主要内容。

(2)安全:道路交通安全常识;文明施工要求;安全隐患识别和应急处置的基本知识。

(3)应急:燃气安全事故预案和岗位生产事故处置。

(4)服务:城镇燃气用户的类型;管道燃气用户的燃气管道系统和供应设施;瓶装燃气供应设施;液化石油气、液化天然气、压缩天然气等汽车加气;燃气在工业中的用途。

(5)人员:职业技能标准内容。

6.1.3.3　通用知识

1.安全生产及管理

(1)城镇燃气的分类；

(2)城镇燃气的基本性质；

(3)城镇燃气的安全特性及常见危害处理措施；

(4)城市燃气用量及供需平衡；

(5)常用燃气管道的管材、管件与辅助材料；

(6)常用设备(如过滤器、调压器、测量仪表、泵等)；

(7)燃气工程建设和验收的基本知识。

2.消防

(1)消防安全常识；

(2)作业安全常识；

(3)防护用品和劳动保护用品的使用、维护保养；

(4)逃生与急救常识；

(5)防雷、防静电基本知识和城镇燃气行业防雷电技术。

3.能源应用与环境保护

燃气燃烧器具和燃气安全使用知识。

4.计算机技术和信息化

计算机技术和信息化基础知识。

6.1.3.4　燃气专业知识

本标准对初级工、中级工、高级工的技能要求依次递进,高级别涵盖低级别的要求。

1. 初级工

职业功能	工作内容	技能要求	相关知识要求
1. 设备运行	1.1 专用工机具使用	1.1.1 能够使用专用工机具进行充装、卸车、储罐设备操作	1.1.1 专用工机具的名称、规格、用途、使用方法
	1.2 场站巡检	1.2.1 能按照场站工艺流程实施运行巡查 1.2.2 能识别场站运行环境 1.2.3 能读取并记录压力、温度、流量、液位等运行参数 1.2.4 能填写各类台账、报表等	1.2.1 充装、卸车、储罐、汽化设备基本知识和主要工艺流程 1.2.2 场站环境要素 1.2.3 主要仪表的名称、作用 1.2.4 运行台账、报表管理规定
	1.3 工艺操作	1.3.1 能够进行液化天然气装卸车 1.3.2 能够进行液化天然气气瓶充装 1.3.3 能够进行液化天然气蒸发气处置 1.3.4 能够操作汽化器进行液化天然气汽化 1.3.5 能够进行柴油或天然气备用发电机等的开停操作 1.3.6 能够操作加臭设备进行加臭 1.3.7 能够操作供热设施提供工艺热源	1.3.1 液化天然气槽车装卸操作规程 1.3.2 液化天然气气瓶充装操作规程 1.3.3 液化天然气蒸发气处置规程 1.3.4 液化天然气汽化操作规程 1.3.5 柴油或天然气备用发电机操作规程 1.3.6 加臭设备操作规程 1.3.7 供热设施操作规程
2. 设备维护维修	2.1 设备保养	2.1.1 能进行充装、卸车、汽化、储罐设备的维护保养 2.1.2 能进行阀门的保养 2.1.3 能实施密封设施检查、维护	2.1.1 充装、卸车、汽化、储罐设备的保养管理规定 2.1.2 场站阀门的结构、原理及保养规程 2.1.3 密封设施保养规程
	2.2 故障判断与处理	2.2.1 能判断充装、卸车、汽化、储罐设备工况的一般故障 2.2.2 能拆装调压设施与阀门	2.2.1 充装、卸车、汽化、储罐设备故障类别与识别 2.2.2 调压器、阀门的拆装规程

职业功能	工作内容	技能要求	相关知识要求
3. 设施安全	3.1　安全设施操作	3.1.1　能操作灭火器灭火 3.1.2　能启动消防喷淋、泡沫系统 3.1.3　能连接消防水带、操作消防栓(炮) 3.1.4　能操作压力、液位、温度连锁装置	3.1.1　消防设施、设备操作规程 3.1.2　场站安全事故现场处置预案 3.1.3　场站消防设备及设施的型号、结构、原理及性能 3.1.4　压力、液位、温度连锁装置操作规程
	3.2　安全防护	3.2.1　能根据不同作业选用个人防护用品 3.2.2　能执行液化天然气充装、装卸突发事件应急预案 3.2.3　能检查站内防雷、防火、防静电设施 3.2.4　能进行低温冻伤处理	3.2.1　个人防护用品知识 3.2.2　液化天然气充装、装卸现场应急预案 3.2.3　防火、防雷、防静电基础知识 3.2.4　低温冻伤处理知识

2. 中级工

职业功能	工作内容	技能要求	相关知识要求
1. 设备运行	1.1　专用工机具使用	1.1.1　能根据故障现象维修专用工机具	1.1.1　专用工机具的结构原理
	1.2　场站巡检	1.2.1　能对场站内关键部位进行查漏 1.2.2　能对消防设备、设施进行周期性检查 1.2.3　能根据设备运行参数判断故障 1.2.4　能发现并处理站内一般安全事故隐患。 1.2.5　能够组织站内交通	1.2.1　场站设备、工艺流程知识 1.2.2　场站消防设备、设施维护管理技术规程和标准 1.2.3　场站工艺设备的工作原理和运行参数 1.2.4　场站危险源辨识与管理规定。 1.2.5　站内交通管理规定
	1.3　工艺操作	1.3.1　能进行储罐进出料作业 1.3.2　能分析场站运行数据 1.3.3　能调整储存、汽化、蒸发气工艺参数 1.3.4　能检测天然气和液化天然气质量 1.3.5　能操作阀门进行工艺控制 1.3.6　根据工艺状况判断阀门工作状态 1.3.7　能进行液化天然气计量 1.3.8　能够处置工艺废液	1.3.1　场站储罐操作规程 1.3.2　场站运行数据 1.3.3　储存、汽化、蒸发气设备和工艺原理 1.3.4　天然气和液化天然气质量检测规程 1.3.5　阀门操作规程 1.3.6　工艺流程及参数 1.3.7　液化天然气计量方法 1.3.8　工艺废液处置操作规程

职业功能	工作内容	技能要求	相关知识要求
2. 设备维护维修	2.1 设备保养	2.1.1 能拆装充装、汽化、输送设备设施 2.1.2 能进行充装、汽化、输送设备设施的维护保养 2.1.3 能维护场站消防设备设施	2.1.1 场站设备维护保养技术规程 2.1.2 充装、汽化、输送设备设施的维护保养规程 2.1.3 场站消防设备设施维护保养规程
	2.2 故障判断与处理	2.2.1 能处理充装、汽化、加热、输送、放散设备常见故障 2.2.2 能够处理调压器、过滤器、加臭设备、流量计常见故障	2.2.1 设备状况辨识知识 2.2.2 调压器、过滤器、加臭设备、流量计常见故障处理方法
3. 运行安全	3.1 安全设施操作	3.1.1 能根据场站储存、充装的工艺作业实施危险因素控制操作 3.1.2 能检查、保养安全阀	3.1.1 场站工艺操作危害因素及防护办法 3.1.2 安全阀的结构原理和保养规程
	3.2 安全防护	3.2.1 能实施场站专项处置预案 3.2.2 能操作消防系统进行事故控制	3.2.1 场站专项安全事故处置预案 3.2.2 消防系统使用技术规程

3. 高级工

职业功能	工作内容	技能要求	相关知识要求
1. 设备运行	1.1 工机具使用	1.1.1 能改进工夹具	1.1.1 工夹具知识
	1.2 工艺操作	1.2.1 能编制场站工艺置换方案 1.2.2 能根据场站工艺、设备情况检查控制系统 1.2.3 能操作自动化系统控制工艺、设备运行 1.2.4 能进行工艺管道和设施预冷操作 1.2.5 能对工艺过程进行质量评估	1.2.1 场站工艺置换方案编制方法 1.2.2 场站工艺、设备知识 1.2.3 工业自动化基础知识 1.2.4 预冷操作规程 1.2.5 工艺评估方法

职业功能	工作内容	技能要求	相关知识要求
2. 设备维护维修	2.1 设备保养	2.1.1 能进行压力容器、汽化等设备设施及附件的维修 2.1.2 能组织站内安全阀、计量仪表及其变送器、压力容器的检定工作 2.1.3 能对场站监测、检测设备进行调校和报警复位	2.1.1 压力容器、汽化设备设施的工作原理及结构 2.1.2 场站安全阀、计量仪表、变送器、压力容器等检测规定 2.1.3 监测、检测装置的调校方法
	2.2 故障判断与处理	2.2.1 能对场站设备故障进行事故分析 2.2.2 能发现并处理站内较大安全隐患	2.2.1 设备故障类别及分析方法 2.2.2 场站安全隐患管理规定
3. 运行安全	3.1 安全设施操作	3.1.1 能处置安全设施的故障 3.1.2 能评估场站主要工艺操作	3.1.1 安全设施工艺、设备的原理知识 3.1.2 场站工艺评估标准
	3.2 安全防护	3.2.1 能编制场站现场处置预案 3.2.2 能实施专项安全事故应急演练	3.2.1 场站安全事故预案 3.2.2 场站一般安全事故的风险识别与判断

6.2 题库及答案

一、题库

(一)单项选择题

1～50题

1. 以下不属于现场设备巡检主要注意事项的是(　　)。

A. 是否有异常气味　　B. 是否有异常声音

C. 设备振动是否有异常　　D. 现场卫生情况

2. 巡检电气柜内卫生清洁情况的主要目的是(　　)。

A. 防灰尘导电　　B. 防潮湿

C. 防静电　　D. 防断路

3. 制定设备巡检路线的主要目的是(　　)。

A. 防止漏检和重复巡检　　B. 监督巡检人员按时巡检

C. 确定巡检的内容　　D. 确定巡检的时间

4. 根据《液化天然气(LNG)生产、储存和装运》(GB/T 20368—2012)的要求，LNG储罐保温材料的火焰蔓延等级不应大于(　　)s，且在空气中材料不应维持持续助燃。

A. 25　　B. 30　　C. 35　　D. 40

5. 安全生产管理，坚持(　　)的方针。

A. 安全第一，综合治理　　B. 安全第一，防治结合

C. 安全第一，预防为主　　D. 预防为主，综合治理

6. 在管路或装置中，用来避免介质压力超过规定数值的阀门是(　　)。

A. 旋塞阀　　B. 调节阀　　C. 安全阀　　D. 截止阀

7. 下列(　　)的作用是调节介质的压力、流量等参数。

A. 节流阀　　B. 针形阀　　C. 安全阀　　D. 截止阀

8. 按用途和作用，阀门可分为截断阀、止回阀、分配阀、(　　)和安全阀。

A. 调节阀　　B. 节流阀　　C. 减压阀　　D. 疏水阀

9. 被 LNG 冻伤后，皮肤最初呈现(　　)的颜色，解冻后皮肤恢复至红色即为健康。

A. 紫色　　B. 青色　　C. 苍白　　D. 黑色

10. LNG 操作人员在操作时由于 PPE 未穿戴到位不慎被低温 LNG 冻伤时，下列症状正确的是(　　)。

A. 低温冻伤组织无疼痛感　　B. 低温冻伤组织有明显的疼痛感

C. 低温冻伤组织有发痒症状　　D. 低温冻伤组织处有发热症状

11. LNG 操作人员因 PPE 穿戴不齐全不慎发生低温冻伤后，下列处理方法不正确的是(　　)。

A. 除去所有影响冻伤部位血液循环的衣物

B. 立即将冻伤部位浸入 30 ~ 43 ℃的温水中

C. 立即将受伤人员送往医院作进一步治疗

D. 鼓励冻伤人员通过抽烟、少量饮酒方式增加血液循环

12. 下列不是柴油发电机温度升高的原因是(　　)。

A. 冷却水系统故障　　B. 润滑油变质

C. 润滑油选型不对　　D. 进气系统故障

13. LNG 是(　　)的缩写。

A. Liquefied NG Gas　　B. Liquefied Natural Gas

C. Liteer Natural Gas　　D. Liquified Night Gas

14. LNG 是指(　　)。

A. 甲烷　　B. 天然气　　C. 液化天然气　　D. 丙烷

15. 液化天然气的主要成分是(　　)。

A. 甲烷　　B. 乙烷　　C. 丙烷　　D. 丁烷

16. 液化天然气组分中不含(　　)。

A. 乙烷　　B. 氮气　　C. 丙烷　　D. 二氧化硫

17. LNG 的沸腾温度取决于其组分，在标准大气压下通常为(　　)℃。

A. －166～－150　　B. －160～－150

C. －166～－157　　D. －163～－155

18. 甲烷的临界温度约为(　　)℃。

A. －62　　B. －82　　C. －142　　D. －162

19. 在标准条件下,液化天然气蒸发气的密度约为空气密度的(　　)倍。

A. 1　　B. 1.5　　C. 0.6　　D. 0.1

20. 液化天然气的热导率随温度升高而(　　)。

A. 不变　　B. 减少　　C. 增加　　D. 先增加后减少

21. 相同气相体积的天然气的热值是液化石油气的(　　)。

A. 1/2　　B. 1/3　　C. 1/4　　D. 1/5

22. 纯物质在临界温度 T_c 下能液化的最低压力称为(　　)。

A. 绝对压力　　B. 对比压力　　C. 临界压力　　D. 临界最小压力

23. LNG 的密度主要取决于(　　)。

A. 温度　　B. 压力　　C. 组分　　D. 黏度

24. 液化天然气的体积约为同量气态天然气体积的(　　)。

A. 1/600　　B. 1/480　　C. 1/800　　D. 1/680

25. 每立方米天然气燃烧热值为(　　)kcal。

A. 6 000～7 000　　B. 3 000～4 500

C. 6 500～8 100　　D. 8 000～8 500

26. 一般规定,在两种燃气互换时华白指数的允许变化不超过(　　)。

A. ±5%～±10%　　B. ±5%～±15%

C. ±10%～±15%　　D. ±10%～±20%

27. LNG 运输规模最大的是(　　)。

A. 槽车运输　　B. 内河航运　　C. 海运　　D. 管道

28. 下列关于液化天然气长距离管道输送特点的说法,错误的是(　　)。

A. 管道输送初期投资成本低　　B. 技术趋于成熟

C. 管材选择是关键　　D. 低温输送工艺设计是重要环节

29. LNG 的冷能一般不用于制造(　　)等产品。

A. 液态氧　　B. 液态氢　　C. 液化二氧化碳　　D. 干冰

30. LNG 通过汽化器汽化后使用,汽化时放出很大的冷量,其热值约为(　　)kJ/kg。

A. 830　　B. 850　　C. 800　　D. 780

31. 下图属于(　　)。

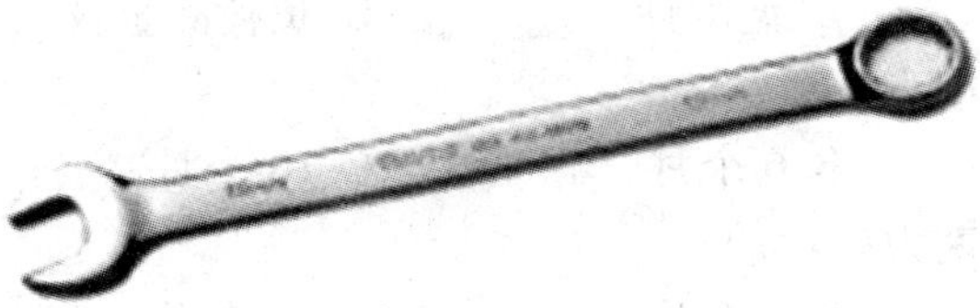

A. 呆扳手　　B. 梅花扳手　　C. 钩形扳手　　D. 两用扳手

32. 下列关于阀门内漏的描述错误的是(　　)。

A. 阀门启闭件与阀座密封间存在杂质可能会造成阀门内漏

B. 阀门启闭件与阀座密封间存在杂质一定会造成阀门内漏

C. 阀门填料与阀杆和填料函的配合处出现的泄漏为外漏

D. 阀门启闭件与阀座密封接触处的泄漏为内漏

33. 低温阀门出现内漏时,阀门两端压力变化情况为(　　)。

A. 阀门上游压力增大　　B. 阀门下游压力增大

C. 阀门下游压力减小　　D. 两端压力不变

34. LNG 低温紧急切断阀内漏可能会造成(　　)。

A. 紧急关断后阀门上游管段超压　　B. 紧急关断后阀门下游管段超压

C. 无法实现紧急关断功能　　D. 阀杆填料处结冰

35. 气动调节阀通常由阀门、执行机构和(　　)组成。

A. 调节机构　　B. 调整机构

C. 自力式调节机构　　D. 固定式调整机构

36. 利用(　　)驱动的阀门为气动阀。

A. 压缩空气　　B. 天然气　　C. 交流电　　D. 液压油

37. 减压阀的主要作用是控制阀门出口(　　)。

A. 温度　　B. 压力　　C. 流量　　D. 流速

38. 当压力升高后,压力表指针不动,其原因不可能是(　　)。

A. 旋塞未开　　B. 旋塞、压力表连管或存水弯管堵塞

C. 指针与中心轴松动或指针卡住　　D. 指针弯曲

39. 涡轮流量计上、下游应安装一定长度的直管段,要求上游直管段为(　　),下游直管段为(　　)。

A. 10DN　10DN　　B. 10DN　5DN　　C. 5DN　5DN　　D. 5DN　10DN

40. 工艺管道中,输送气体介质的管道一般都采用(　　)进行吹扫。

A. 水　　B. 洗涤剂　　C. 氮气　　D. 空气

41. 下列不属于柴油发电机需要润滑的部位是(　　)。

A. 主轴承　　B. 连杆轴承　　C. 风扇　　D. 凸轮轴轴承

42. 场站工艺图中"PI"表示(　　)。

A. 压力测量仪　　B. 温度测量仪　　C. 负荷测量仪　　D. 压力记录仪

43. 场站工艺图中"PR"表示(　　)。

A. 压力测量仪　　B. 温度计　　C. 负荷测量仪　　D. 压力记录仪

44. 安全阀校验周期为(　　)。

A. 3 个月　　B. 6 个月　　C. 10 个月　　D. 12 个月

45. 压力表校验周期为(　　)。

A. 3 个月　　B. 6 个月　　C. 10 个月　　D. 12 个月

46. 场站二次仪表校验周期为(　　)。

A. 半年　　B. 1 年　　C. 2 年　　D. 3 年

47. 下列不同形式的流量计适用于大流量计量的为(　　)。

A. 涡轮流量计　　B. 超声波流量计　　C. 腰轮流量计　　D. 孔板流量计

48. 过滤器的清洗周期一般按照过滤器(　　)决定。

A. 进口压力　　B. 出口压力　　C. 进出口压差　　D. 进出口温差

49. 以下不属于球阀日常维护内容的是(　　)。

A. 定期开关　　B. 定期排污　　C. 密封性检查　　D. 拆卸执行机构

50. 以下不属于日常交接班内容的是(　　)。

A. 生产指令　　B. 设备状态　　C. 工艺状态　　D. 设备维修计划

51. 防爆工具常用的材质是(　　)。

A. 铜合金　　B. 铝合金

C. 钛合金　　D. 钢质

51～100 题

52. F 型扳手是(　　)专用扳手。

A. 放散　　B. 阀门

C. 场站　　D. 调压

53. 扑灭火灾最好的时间是(　　)。

A. 猛烈阶段　　B. 下降阶段　　C. 初起阶段　　D. 发展阶段

54. (　　)是通过抑制自由基的产生或降低火焰中的自由基浓度来灭火的。

A. 隔离法　　B. 冷却法　　C. 窒息法　　D. 化学抑制法

55. 手提式二氧化碳灭火器不宜用在(　　)火灾上。

A. A 类　　B. B 类　　C. C 类　　D. E 类

56. 下列哪些区域不需要设置火灾和泄漏监控系统？(　　)

A. 汽化区　　B. 生活区　　C. 储罐区　　D. 低温泵区

57. 下列哪项不符合站前安全检查的要求？(　　)

A. 证件齐全　　B. 罐体在有效期内

C. 携带 1 个灭火器　　D. 压力表在有效期内

58. 槽车进站的速度要求是(　　)km/h 以下。

A. 20　　B. 15　　C. 10　　D. 5

59. 储罐预冷时，内罐降温速度一般控制在(　　)℃/h 以下。

A. 5　　B. 10　　C. 15　　D. 20

60. 以下不属于 LNG 储罐绝热方式的是(　　)。

A. 正压堆积　　B. 正压多层缠绕

C. 高真空多层缠绕　　D. 真空粉末

61. 以下不属于钢瓶充装前检查项目的是(　　)。

A. 铭牌　　B. 合格钢印　　C. 材质　　D. 外观

62. LNG 储罐日蒸发率应(　　)。

A. ≤1%　　B. ≤2%　　C. ≤3%　　D. ≤0.3%

63. 储罐超压三级安全保护的作用顺序是(　　)。

A. 自动减压—超压报警—安全放散
B. 自动减压—安全放散—超压报警
C. 超压报警—自动减压—安全放散
D. 超压报警—安全放散—自动减压

64. 当过滤器的前后压差达到(　　)mbar 时必须进行清洗或更换滤芯。
A. 350　　B. 450　　C. 550　　D. 650

65. 以下可以作为加臭剂的是(　　)。
A. 硫化氢　　B. 二氧化碳　　C. 四氢噻吩　　D. 氮气

66. 工作温度低于(　　)℃的阀门是超低温阀。
A. 50　　B. 80　　C. 90　　D. 100

67. 用于低温槽车、低温罐式集装箱的紧急切断阀易熔塞一般(　　)℃会熔化。
A. 75 ±5　　B. 85 ±5　　C. 95 ±5　　D. 100 ±5

68. 开架式汽化器是(　　)。
A. VSV　　B. ORV　　C. SCV　　D. STV

69. 浸没燃烧汽化器是(　　)。
A. VSV　　B. ORV　　C. SCV　　D. STV

70. 管壳式汽化器是(　　)。
A. VSV　　B. ORV　　C. SCV　　D. STV

71. 真空蒸气式汽化器是(　　)。
A. VSV　　B. ORV　　C. SCV　　D. STV

72. 过滤器的分类标准有多种，下列不属于按分离原理分类的是(　　)。
A. 碰撞式　　B. 叶片式　　C. 凝聚式　　D. 渗透式

73. 卧式过滤器的过滤结构一般为(　　)。
A. 一级　　B. 二级　　C. 三级　　D. 四级

74. 滤芯的(　　)决定了去除杂质的最小直径。
A. 安装形式　　B. 材料　　C. 生产日期　　D. 精度

75. 燃气调压器的信号元件是用来传递下游压力给敏感元件，它属于(　　)。
A. 静态元件　　B. 动态元件　　C. 运动元件　　D. 固定元件

76. 下列不属于调压器按照用途划分的种类是(　　)。
A. 用户调压器　　B. 楼栋调压器　　C. 专用调压器　　D. 区域调压器

77. 下列不属于速度式流量计的是(　　)。
A. 涡轮流量计　　B. 涡街流量计　　C. 腰轮流量计　　D. 超声波流量计

78. 家用燃气表以(　　)为主。
A. 涡轮流量计　　B. 涡街流量计　　C. 腰轮流量计　　D. 膜式燃气表

79. 罗茨流量计计数器不工作的原因可能是(　　)。
A. 计数器轴支架损坏　　B. 流量计漏气
C. 流量计堵塞　　D. 流量计噪声大

80. 当发生天然气漏气时，为易于被人们发觉，要求对天然气进行(　　)。

A. 调压　　B. 加臭　　C. 过滤　　D. 计量

81. 不属于臭剂储罐组件的是(　　)。

A. 液位计　　B. 呼吸阀　　C. 气动泵　　D. 排污接口

82. 色谱仪的误差会引起(　　)误差。

A. 降温　　B. 过滤　　C. 调压　　D. 计量

83. 不属于气相色谱分析仪组成部分的是(　　)。

A. 升温设备　　B. 采样系统　　C. 分析设备　　D. 控制器

84. 液化天然气的气液体积比是(　　)。

A. 250∶1　　B. 625∶1　　C. 800∶1　　D. 1 000∶1

85. LNG 在 −162 ℃左右的爆炸极限为(　　)。

A. 1.5% ~9.5%　　B. 5% ~15%　　C. 6% ~13%　　D. 8% ~15%

86. 下列不属于低温危险性表现的是(　　)。

A. 冻伤　　B. 麻醉　　C. 降低汽化率　　D. 爆炸

87. 下列不能避免引起火灾的措施是(　　)。

A. 穿化纤衣服　　B. 不穿钉鞋　　C. 禁烟　　D. 禁止明火

88. 长时间在(　　)℃以下的环境中停留可能出现麻醉现象。

A. 30　　B. 10　　C. 45　　D. 25

89. 冻伤后应用(　　)℃左右的温水浸泡冻伤处,严禁直接撕去粘在皮肤上的衣物。

A. 20　　B. 30　　C. 40　　D. 50

90. 槽车储罐与站内储罐不同的是(　　)。

A. 绝热方式　　B. 容量　　C. 温度　　D. 使用场合

91. 下列不属于储罐绝热常用隔热材料的是(　　)。

A. 发泡剂　　B. 铝箔　　C. 玻璃纤维　　D. 泡沫玻璃

92. 适合槽车储罐的绝热方式是(　　)。

A. 真空粉末绝热　　B. 高真空多层缠绕绝热

C. 正压堆积绝热　　D. 自然隔热

93. LNG 钢瓶型号 DPL450 −210 −1.37,其中 210 指的是(　　)。

A. 有效容积　　B. 净重　　C. 公称容积　　D. 工作压力

94. LNG 钢瓶型号 DPL450 −210 −1.37,其中 1.37 指的是(　　)。

A. 有效容积　　B. 净重　　C. 公称容积　　D. 工作压力

95. LNG 钢瓶型号 DPL450 −210 −1.37,其有效容积是(　　)L。

A. 195　　B. 185　　C. 175　　D. 165

96. ESD 指的是(　　)。

A. 火灾和泄漏监控系统　　B. 紧急关闭系统

C. 消防水系统　　D. 远程控制系统

97. 下列不属于消防水系统的是(　　)。

A. 消防泵房　　B. 消防水池　　C. 干粉灭火器　　D. 消火栓

98. 站前检查内容中的证件检查不包括(　　)。

A. 危险货物道路运输许可证　　　　B. 压力容器使用登记证
C. 道路危险货物运输押运员证　　　D. 灭火器合格证

99. 卸车前的置换作业通常用(　　)
A. 氮气　　B. 氧气　　C. 氢气　　D. 燃气

100. 槽车上的紧急切断阀的驱动形式一般是(　　)。
A. 电动　　B. 气动　　C. 手动　　D. 液压

(二)判断题

1～50 题

1. 人员怀疑现场装置发生 LNG 泄漏后,应该通过可燃气体检测仪来确定。(　　)

2. 防冻服只是在偶然出现 LNG 溅落时起保护作用,应避免与 LNG 接触。(　　)

3. 防冻手套与防冻服也可以用于消防火灾扑救。(　　)

4. 进入泄漏区域必须佩戴空气呼吸器。(　　)

5. 流体流动性噪声属于生产噪声。(　　)

6. 点火源不一定非是明火,当摩擦或冲击产生火花后遇到可燃物和助燃物也会发生燃烧。(　　)

7. LNG 引燃爆炸属于物理性爆炸。(　　)

8. LNG 泄漏后不一定会发生爆炸。(　　)

9. 爆炸就是在极短时间内,释放出大量能量,产生高温,并放出大量气体,在周围介质中造成高压的化学反应或状态变化。(　　)

10. 消防水管道通常采用红色标记。(　　)

11. 液化天然气是天然气经压缩、冷却至其沸点(－196 ℃)温度后变成液体。(　　)

12. LNG 的黏度与组成有关,与温度和压力无关。(　　)

13. 翻滚是指大量气体在短暂时间内从 LNG 容器中释放的过程,除非采取预防措施或对容器进行特殊设计,翻滚将使容器超压。(　　)

14. LNG 冷能的利用方式主要包括直接利用和间接利用。(　　)

15. 保冷材料是一种用于减少结构物与环境热交换的功能材料。(　　)

16. 仪表符号 F 代表流量。(　　)

17. 可燃气体探测器只能对单一可燃气体响应。(　　)

18. 现场装置产生少量白色蒸汽,就一定是 LNG 泄漏。(　　)

19. 现场巡检手摸的目的是感受设备腐蚀情况。(　　)

20. 现场巡检时,巡检人员需时刻注意风向和逃生路线。(　　)

21. 按结构特征分类,旋塞阀属于旋启型阀门。(　　)

22. 球阀在管路中的主要作用是切断、分配和改变介质的流动方向。(　　)

23. LNG 操作人员在操作时由于 PPE 未穿戴到位不慎被低温 LNG 冻伤时,低温冻伤组织无疼痛感。(　　)

24. LNG 操作人员在操作时由于 PPE 未穿戴到位不慎被低温 LNG 冻伤时,皮肤颜色

迅速变红。（　）

25. LNG 操作人员因 PPE 穿戴不齐全不慎发生低温冻伤,初步处理后,医护人员应给冻伤人员注射破伤风针剂防止冻伤部位破伤风。（　）

26. 低温冻伤的部位不宜放入高于 46 ℃的热水中进行升温。（　）

27. 低温冻伤的组织无疼痛感,呈现苍白、淡黄色的蜡样,在加热过程中,冻伤人员不会产生疼痛感。（　）

28. O 形圈是一种具有自密封作用的压缩型密封件。（　）

29. 安全阀的校验周期为 1 年。（　）

30. 压力表的检验周期为 1 年。（　）

31. 安全阀是用于超压状况下开启放散泄压的,正常情况下应处于常关状态。（　）

32. 调压站中过滤器不属于压力容器。（　）

33. 过滤器配备压差表目的是了解过滤器的工作状态,确定过滤器的清洗时间。（　）

34. 过滤装置的功能是除去天然气中的机械杂质、凝固物,以减少对设备、仪表与管道的磨损、腐蚀与堵塞,并保证计量与调压精度。（　）

35. 安全阀的泄放压力应高于设计压力。（　）

36. 安全阀的泄放压力应低于回座压力。（　）

37. 涡轮式流量计属于速度式流量计。（　）

38. 调压站过滤器滤芯清洗所用介质一般是水。（　）

39. 所有进入天然气场站前值班人员都应向所有进场站人员进行安全教育。（　）

40. 干粉灭火器开启后可以反复使用。（　）

41. 对于天然气泄漏到空气中,在达到其爆炸下限的 20% 时所设置的燃气泄漏报警器,应能察觉。（　）

42. 常用的加臭剂为四氢噻吩(C_4H_8S、THT)、乙硫醇(C_2H_5SH)。（　）

43. 罗茨流量计的计量精度要比腰轮流量计高很多。（　）

44. 空温式汽化器一般作为冬季低温时的备用汽化器。（　）

45. 储配站站长应做好安全管理工作,督促各班组做好防火、防盗工作,充分发挥安全管理员的作用。（　）

46. LNG 储罐外壁出现水珠说明储罐发生了内漏。（　）

47. 当不锈钢过滤器上压差计或压差变送器显示读数达到 450 mbar 时,应清洗或更换过滤器滤芯。（　）

48. 仪表风系统一般是以压缩空气作为动力风源的。（　）

49. 储罐内不断产生 BOG 的原因是储罐绝热层出现了问题。（　）

50. LNG 储罐分类标准有很多,可按照容积大小、隔热形式、储罐形状、储罐材料等进行划分。（　）

51～100 题

51. 燃气场站常用工具分为防爆工具和非防爆工具。 ( )

52. 燃气场站内的检测机具主要用于场站日常生产、巡查巡检、抢维修时检测可燃气体的物质的量。 ( )

53. 燃烧是一种发光和发热的强烈氧化还原反应。 ( )

54. 烟气是一种纯净物，包括燃烧产物如二氧化碳、一氧化碳、水蒸气、未燃的燃气等多种有毒有腐蚀性的气体、固体微小颗粒和液滴及卷入的空气等。 ( )

55. 灭火器可分为手提式灭火器和推车式灭火器。 ( )

56. 灭火器上的压力指示表盘，一般分为红、黄两个区域。 ( )

57. 每个 LNG 设备上都应装备紧急关闭系统（ESD），该系统可隔离或切断 LNG、可燃液体、可燃制冷剂和可燃气体的来源，并关闭一些如继续运行可能加大或维持灾情的设备。 ( )

58. LNG 发生火灾时，可以直接将消防水喷洒在 LNG 上。 ( )

59. 泡沫灭火器喷出大量泡沫覆盖在泄漏的 LNG 上面，减少来自空气的热量，可有效降低 LNG 蒸气产生的速度。 ( )

60. 罐车进站速度限速 15 km/h 以下。 ( )

61. 预冷是指储罐在置换完成后，将储罐从常温（环境温度）冷却至设计温度（-165 ℃），满足储罐进液投产的过程。 ( )

62. 与储罐相连的管线必须在储罐置换预冷后完成置换工作。 ( )

63. 倒罐过程中，操作人员不得离开现场，必须巡查各连接部位的泄漏情况，密切观察储罐的压力、液位变化情况，确保安全。 ( )

64. 所有阀门操作应快速开、关，严禁操作缓慢。 ( )

65. LNG 钢瓶是一种低温绝热压力容器，设计有双层（真空）结构。 ( )

66. 钢瓶充装前必须进行检查，不合格项多于两项时不准充装。 ( )

67. LNG 储罐有一个极低的日蒸发率，一般为≤0.3%。 ( )

68. 储罐超压三级安全保护的作用顺序是：超压报警—安全放散—自动减压。 ( )

69. 天然气调压计量装置主要包括过滤、排污、计量、调压装置。 ( )

70. 当过滤器的前后压差达到 650 mbar 时，必须进行清洗或更换滤芯。 ( )

71. 加臭机一般与流量计联动，加臭量由天然气的流量确定。 ( )

72. ESD 系统主要包括前置过滤器、空气压缩机、气液分离器、后置过滤器、干燥器、阀门管道、气动执行器、控制柜等。 ( )

73. PLC 控制器是整个自动化控制系统的核心器件，负责实现 LNG 站的变量数据采集、分析，报警，接受外部指令，控制泵的启动和控制电磁阀等。 ( )

74. 调压器在自动检测和控制系统中的作用，是对各种工艺参数，如温度、压力、流量、液位、成分等物理量进行检测，以供显示、记录或控制之用，获取精确、可靠的过程参数值。 ( )

75. 变送器主要有差压变送器、压力变送器、温度变送器、液位变送器和流量变送器等。 ( )

76. 消防水系统主要由燃气浓度探头和燃气报警器组成,与控制柜联动,用于监控站内燃气泄漏情况。 ( )

77. 止回阀主要用于阻止介质倒流。 ( )

78. 止回阀适合作为介质的切断或调节及节流使用。 ( )

79. 用于低温槽车、低温罐式集装箱的紧急切断阀易熔塞一般在(75 ±5) ℃会熔化。 ( )

80. 球形罐的优点是现场组装技术简单。 ( )

81. 双金属罐的内罐一般采用耐低温的不锈钢或铝合金。 ( )

82. LNG 外罐“出汗”说明其内罐发生了泄漏。 ( )

83. LNG 的低温性会造成汽化器表面结冰,导致热传递效率降低,汽化率也随之降低。 ( )

84. 涡旋会造成短时间产生大量 EAG,导致储罐超压甚至破裂。 ( )

85. LNG 新旧液体分开储存可以预防翻滚现象的出现。 ( )

86. LNG 在管道的顶部和底部形成温度梯度,导致管道本身出现不同收缩速度,引起管道挠曲,这就是汽蚀现象。 ( )

87. 水击是由于阀门的快速关闭、开启或停泵时产生一个瞬时的流体压力,致使流体的流速突然发生改变而造成的。 ( )

88. 真空度下降不会造成储罐外罐结霜冒汗。 ( )

89. 取压管堵塞可能会造成液位计指示不准确。 ( )

90. 装卸作业时,系统管路及罐体内的氧含量均应小于4%。 ( )

91. 环境汽化器的热源来自于自然界的热源,如大气、海水、地热水。 ( )

92. 整体加热汽化器采用热源整体加热法使低温液体汽化,最典型的即是空温式汽化器。 ( )

93. 空温式汽化器因其节能性能,一般作为汽化站的主汽化器,同时也可作为储罐自增压器、卸车增压器、BOG 加热器及 EAG 加热器使用。 ( )

94. 过滤分离按用途可分为碰撞式、凝聚式和渗透式。 ( )

95. 滤芯的材料一般为聚酯纤维和不锈钢丝网。 ( )

96. 卧式过滤器操作维护方便,同时占地面积也很小。 ( )

97. 燃气调压器俗称减压阀,主要作用就是降压和稳压。 ( )

98. 燃气过滤器的基本组成包括敏感元件、控制元件、执行元件、围护元件、信号元件。 ( )

99. 控制歧管的作用是产生作用在套环一侧的控制压,入口压作用在套环的另一侧,套环两端产生压差,而使套环动作,达到调压的目的。 ( )

100. 轴流调压器由一个整流栅栏密合器、阀身、可扩张的橡皮套环阀体、控制歧管、指

挥器等组件组成。 （ ）

二、答案

(一)单项选择题

1. D	2. A	3. A	4. A	5. C
6. C	7. A	8. A	9. C	10. A
11. D	12. D	13. B	14. C	15. A
16. D	17. C	18. B	19. C	20. B
21. B	22. C	23. C	24. A	25. D
26. A	27. C	28. A	29. B	30. A
31. D	32. B	33. B	34. B	35. A
36. A	37. B	38. D	39. B	40. D
41. C	42. A	43. D	44. D	45. B
46. D	47. D	48. C	49. D	50. D
51. A	52. B	53. C	54. D	55. A
56. B	57. C	58. D	59. A	60. B
61. C	62. D	63. A	64. B	65. C
66. D	67. A	68. B	69. C	70. D
71. A	72. B	73. C	74. D	75. A
76. D	77. C	78. D	79. A	80. B
81. C	82. D	83. A	84. B	85. C
86. D	87. A	88. B	89. C	90. D
91. A	92. B	93. C	94. D	95. A
96. B	97. C	98. D	99. A	100. B

(二)判断题

1. √	2. √	3. ×	4. √	5. √
6. √	7. ×	8. √	9. √	10. √
11. ×	12. ×	13. √	14. √	15. √
16. √	17. ×	18. ×	19. ×	20. √
21. ×	22. √	23. √	24. ×	25. √
26. √	27. ×	28. √	29. √	30. ×
31. ×	32. ×	33. √	34. √	35. ×
36. ×	37. √	38. ×	39. √	40. ×
41. √	42. √	43. ×	44. ×	45. √
46. ×	47. √	48. √	49. ×	50. √
51. √	52. ×	53. √	54. ×	55. √

56. ×	57. √	58. ×	59. √	60. ×
61. √	62. ×	63. √	64. ×	65. √
66. ×	67. √	68. ×	69. √	70. ×
71. √	72. ×	73. √	74. ×	75. √
76. ×	77. √	78. ×	79. √	80. ×
81. √	82. ×	83. √	84. ×	85. √
86. ×	87. √	88. ×	89. √	90. ×
91. √	92. ×	93. √	94. ×	95. √
96. ×	97. √	98. ×	99. √	100. ×

参考文献

[1] 莫克哈塔布. 液化天然气手册[M]. 北京:石油工业出版社,2016.
[2] 王海伟. 液化天然气接收站生产管理实践[M]. 北京:煤炭工业出版社,2016.
[3] 中国石油天然气集团公司安全环保与节能部. 城镇燃气操作工安全手册(CNG、LNG、LPG)[M]. 北京:石油工业出版社,2015.
[4] 黄坤. 液化天然气供应技术[M]. 北京:石油工业出版社,2015.
[5] 顾安忠. 液化天然气运行和操作[M]. 北京:机械工业出版社,2015.
[6] 顾安忠. 液化天然气技术[M]. 2 版. 北京:机械工业出版社,2015.
[7] 李继从. 天然气加气站操作与运行[M]. 北京:中国标准出版社,2014.
[8] 郭揆常. 液化天然气(LNG)工艺与工程[M]. 北京:中国石化出版社,2014.
[9] 郭揆常. 液化天然气(LNG)应用与安全[M]. 北京:中国石化出版社,2014.
[10] 王新红. 液化天然气基础知识[M]. 北京:石油工业出版社,2014.
[11] GB/T 20368—2012 液化天然气(LNG)生产、储存和装运[S].
[12] 郑云萍. LNG 接收站库存管理与控制[M]. 北京:石油工业出版社,2015.
[13] 邢云. 液化天然气项目管理手册[M]. 北京:石油工业出版社,2012.
[14] 马国光. 液化天然气技术[M]. 北京:石油工业出版社,2012.
[15] 樊宝德. 加油(气)站设备器材选型手册[M]. 北京:中国石化出版社,2007.
[16] 敬加强. 液化天然气技术问答[M]. 北京:化学工业出版社,2007.